THE TECHNIQUES TO THE DRAWINGS OF ENVIRONMENTAL ART

总主编 林家阳

环艺效果图表现技法

乔会杰 宋桢 编著

中国轻工业出版社

图书在版编目（CIP）数据

环艺效果图表现技法 / 乔会杰，宋桢编著. —北京：中国轻
工业出版社，2022.9

　ISBN 978-7-5184-1655-4

　Ⅰ.①环… Ⅱ.①乔…②宋… Ⅲ.①环境设计—绘画技法—
高等学校—教材 Ⅳ.①TU-856

　中国版本图书馆CIP数据核字（2017）第249150号

责任编辑：毛旭林　秦　功　　责任终审：劳国强　　整体设计：锋尚设计
策划编辑：毛旭林　　　　　　责任校对：吴大朋　　责任监印：张京华

出版发行：中国轻工业出版社（北京东长安街6号，邮编：100740）

印　　刷：艺堂印刷（天津）有限公司

经　　销：各地新华书店

版　　次：2022年9月第1版第3次印刷

开　　本：870×1140　1/16　印张：9.5

字　　数：250千字

书　　号：ISBN 978-7-5184-1655-4　定价：58.00元

邮购电话：010-65241695

发行电话：010-85119835　传真：85113293

网　　址：http://www.chlip.com.cn

Email：club@chlip.com.cn

如发现图书残缺请与我社邮购联系调换

221204J1C103ZBW

序一
PROLOG 1

中国的艺术设计教育起步于 20 世纪 50 年代，改革开放以后，特别是 90 年代进入一个高速发展的阶段。由于学科历史短，基础弱，艺术设计的教学方法与课程体系受苏联美术教育模式与欧美国家 20 世纪初形成的课程模式影响，呈现专业划分过细，实践教学比重过低的状态，在培养学生的综合能力、实践能力、创新能力等方面出现较多问题。

随着经济和文化的大发展，社会对于艺术设计专业人才的需求量越来越大，市场对艺术设计人才教育质量的要求也越来越高。为了应对这种变化，教育部将"艺术设计"由原来的二级学科调整为"设计学"一级学科，既体现了对设计教育的重视，也是进一步促进设计教育紧密服务于国民经济发展的必要。因此，教育部高等学校设计学类专业教学指导委员会也在这方面做了很多工作，其中重要的一项就是支持教材建设工作。

2016 年是"十三五"的开局之年，在教育部全面启动普通本科院校向应用型本科院校转型工作的大背景下，由设计学类专业教指委副主任林家阳教授任总主编的这套教材，在强调应用型教育教学模式、开展实践和创新教学，整合专业教学资源、创新人才培养模式等方面做了大量的研究和探索；一改传统的"重学轻术""重理论轻应用"的教材编写模式，以"学术兼顾""理论为基础、应用为根本"为编写原则，从高等教育适应和服务经济新常态，助力创新创业、产业转型和国家一系列重大经济战略实施的角度和高度来拟定选题、创新体例、审定内容，可以说是近年来高等院校艺术设计专业教材建设的力度之作。

设计是一门实用艺术，检验设计教育的标准是培养出来的艺术设计专业人才是否既具备深厚的艺术造诣，实践能力，同时又有优秀的艺术创造力和想象力，这也正是本套教材出版的目的。我相信在应用型本科院校的转型过程中，本套教材能对学生奠定学科基础知识、确立专业发展方向、树立专业价值观念、提升专业实践能力产生有益的引导和切实的借鉴，帮助他们在以后的专业道路上走得更长远，为中国未来的设计教育和设计专业的发展提供新的助力。

教育部高等学校设计学类专业教学指导委员会主任
中国艺术研究院 教授 / 博导 谭平
2017 年 3 月

序二
PROLOG 2

办学，能否培养出有用的设计人才，能否为社会输送优秀的设计人才，取决于三个方面的因素：首先是要有先进、开放、创新的办学理念和办学思想；其二是要有一批具有崇高志向、远大理想和坚实的知识基础，并兼具毅力和决心的学子；最重要的是我们要有一大批实践经验丰富、专业阅历深厚、理论和实践并举、富有责任心的教师，只有老师有用，才能培养有用的学生。

除了以上三个因素之外，还有一点也非常关键，不可忽略的，我们还要有连接师生、连接教学的纽带——兼具知识性和实践性的课程教材。课程是学生获取知识能力的宝库，而教材既是课程教学的"魔杖"，也是理论和实践教学的"词典"。"魔杖"通过得当的方法传授知识，让获得知识的学生产生无穷的智慧，使学生成为文化创意产业的有生力量。这就要求教材本身具有创新意识。本套教材从设计理论、设计基础、视觉设计、产品设计、环境艺术、工艺美术、数字媒体和动画设计等八个方面设置的 50 本系列教材，在遵循各自专业教学规律的基础上做了不同程度的探索和创新。我们也希望在有限的纸质媒体基础上做好知识的扩充和延伸，通过本套教材中的案例欣赏、参考书目和网站资料等，起到一部专业设计"词典"的作用。

我们约请了国内外大师级的学者顾问团队、国内具有影响力的学术专家团队和国内具有代表性的各类院校领导和骨干教师组成的编委团队。他们中有很多人已经为本系列教材的诞生提出了很多具有建设性的意见，并给予了很多有益的指导。我相信以我们所具有的国际化教育视野以及我们对中国设计教育的责任感，能让我们充分运用这一套一流的教材，为培养中国未来的设计师奠定良好的基础。

教育部高等学校设计学类专业教学指导委员会副主任
教育部职业院校艺术设计学类专业教学指导委员会主任
同济大学教授 / 博导 林家阳
2017 年 3 月

前言
FOREWORD

环艺效果图表现技法是环境设计专业、建筑设计专业、景观园林设计专业的一门必修专业基础课。这门基础课对学生掌握基本的设计表现技法、理解设计、深化设计、提高设计能力有重要作用。效果图是设计师与非专业人员沟通最好的媒介，对决策起到一定的作用。因此，长期以来受到专业设计师与设计教育界的重视，它是设计师生动表达设计思想最直接有效的方法，也是判断设计师水准的有效依据之一。

本教材全方位介绍了环艺效果图的相关技法，教材精选了国内外部分优秀设计师的效果图范例进行分析鉴赏。同时结合笔者的部分作品，以及日常教学中学生的代表作品，对不同类别的知识点进行演示说明。全书内容分为三大章节：第一章概念与基础；第二章设计与实训；第三章欣赏与分析。与同类教材比较，特色与重点在于第二章的实训部分，结合具体案例分解绘制步骤。在这本初学者极易上手的入门指导书中，作者用深入浅出、易于理解的介绍方法，旨在对读者如何认识环艺效果图和如何绘制环艺效果图给予指导，让读者即使是从零开始学习环艺效果图也会非常轻松。教材中有大量的单体和分步练习，会使初学者感到环艺效果图并不难掌握。

本书可以作为本科环境艺术设计、建筑设计以及景观园林设计等相关专业学生的教材，也适合初学者使用。

乔会杰、宋桢

2017 年 7 月

课时
安排
建议课时
72课时

章节	课程内容	课时	
第一章 概念与基础 （8课时）	第一节　环艺效果图的基本概念	3	8
	第二节　环艺效果图表现技法的溯源	3	
	第三节　环艺效果图技法表现的原则	2	
第二章 设计与实训 （60课时）	第一节　居住空间的室内效果图表现	12	60
	第二节　公共空间的室内效果图表现	12	
	第三节　传统建筑的效果图表现	12	
	第四节　现代建筑的效果图表现	12	
	第五节　园林景观的效果图表现	12	
第三章 欣赏与分析 （4课时）	第一节　国外名师的效果图作品	2	4
	第二节　国内名师的效果图作品	2	

目录
CONTENTS

第一章　概念与基础 ·· **12**

第一节　环艺效果图的基本概念··14

　　1. 效果图表现技法··14

　　　　1）基本概念···14

　　　　2）手绘效果图的分类··14

　　2. 效果图的技艺特色··17

　　3. 环艺效果图与环境艺术设计···18

第二节　环艺效果图表现技法的溯源··20

　　1. 效果图表现与技法的发展···20

　　2. 效果图表现技法的种类··21

　　　　1）水彩渲染···21

　　　　2）马克笔画技法···22

　　　　3）色粉笔画技法···23

　　　　4）水粉（丙烯）画技法···23

　　　　5）彩色铅笔技法···24

　　　　6）混合互补的组合技法···24

　　3. 手绘与计算机表现··25

　　　　1）手绘与计算机表现的优缺点比较··25

　　　　2）国内外设计师对手绘与计算机表现的观点···26

　　　　3）结论···28

　　4. 新技术、新材料的特性与运用··28

　　　　1）手绘与软件结合使用的方法···29

　　　　2）模仿手绘效果的高效新工具···32

第三节　环艺效果图技法表现的原则··35

　　1. 真实性——客观真实地表现设计思想··35

　　2. 技术性——绘制工具的使用方法与技法程序的合理性·······································35

　　3. 艺术性——空间视觉表现的美学效果··35

第二章 设计与实训 ·· **36**

第一节 居住空间的室内效果图表现 ······································38

　　1. 大师设计作品表现案例 ···38

　　　1）注重绘画写意感的早期室内设计手绘表现 ·····················38

　　　2）精准完整的当代样板间设计手绘表现 ·····················40

　　2. 学生作业表现案例 ···41

　　　1）学生作业一——公寓室内设计 ·····························41

　　　2）学生作业二——家居室内设计 ·····························42

　　3. 相关知识点 ···45

　　　1）环艺效果图常用透视 ·······································45

　　　2）线条与线条的组合 ···52

　　　3）家具与陈设的表现 ···55

　　4. 实践操作程序 ···56

　　　子任务1）卫生间马克笔效果图的表现步骤训练 ·····················56

　　　子任务2）应用数位板表现卧室空间效果的步骤训练 ·················58

第二节 公共空间的室内效果图表现 ······································60

　　1. 大师设计作品表现案例 ···60

　　2. 学生作业表现案例 ···62

　　3. 相关知识点 ···67

　　　1）光影的表现 ···67

　　　2）上色训练 ···67

　　　3）常用室内材质的表现 ·······································68

　　4. 实践操作程序 ···74

　　　子任务1）餐饮空间马克笔和彩铅综合效果图表现步骤训练 ···········74

　　　子任务2）应用 Painter 软件表现博物馆空间效果的步骤训练 ········75

第三节　传统建筑的效果图表现·······································78

  1．大师作品表现案例···78

  2．学生作业表现案例···82

  3．相关知识点···84

    1）画面的构图···84

    2）建筑速写···90

    3）建筑配景人物的表现·····································92

  4．实践操作程序···94

    子任务1）天津市蓟县辽代木构建筑独乐寺马克笔彩铅效果步骤训练··94

    子任务2）法国巴黎圣母院教堂马克笔彩铅效果步骤训练·············96

第四节　现代建筑的效果图表现·······································99

  1．大师设计作品表现案例·······································99

  2．学生作业表现案例··103

  3．知识点···108

    1）人物的表现··108

    2）交通工具的表现···111

    3）天空的表现··113

    4）常用建筑材质的表现······································114

  4．实践操作程序··115

    子任务1）应用PHOTOSHOP软件处理建筑后期效果的步骤训练··115

    子任务2）马克笔彩铅表现现代建筑效果的步骤训练·················118

    子任务3）运用电脑软件建模确立严谨透视与结构关系，

        后期辅助手绘细节个性描绘的步骤训练······················119

第五节　园林景观的效果图表现……………………………………………………121

　1. 大师设计作品表现案例……………………………………………………121

　2. 学生作业表现案例…………………………………………………………123

　3. 相关知识点…………………………………………………………………125

　　1）总平面图………………………………………………………………125

　　2）功能分析图……………………………………………………………126

　　3）鸟瞰图及剖面图………………………………………………………128

　　4）景观单体的表现………………………………………………………129

　4. 实践操作程序………………………………………………………………133

　　子任务1）小型公园总平面与剖面图表现步骤训练……………………133

　　子任务2）小型公园空间场景透视效果图步骤训练……………………135

　　子任务3）运用数码照片确立景观透视角度的绘图捷径步骤训练…136

第三章　欣赏与分析……………………………………………………………**138**

第一节　国外名师的效果图作品………………………………………………140

　　1）简洁概括的水彩表现——西班牙RCR建筑事务所……………………140

　　2）精练至极的马克笔彩铅表现——意大利伦佐·皮阿诺建筑工作室…141

　　3）具有艺术观赏性的表现——Lehrer建筑工作室………………………143

　　4）快速又令人赏心悦目的计算机辅助表现——GreenInc事务所……145

第二节　国内名师的效果图作品 ……………………………………………146

　　1）精准细腻的钢笔表现——彭一刚作品 …………………………146

　　2）严谨而又不失洒脱的钢笔淡彩——徐东耀作品 …………………147

　　3）理性严谨、画风朴素大方的钢笔表现——钟训正作品 ……… 148

　　4）清新大胆、丰富细腻的多元技法表现——李蓉晖作品 …………150

后　记 ………………………………………………………………… **152**

第一章

概念与基础

第一节　环艺效果图的基本概念

第二节　环艺效果图表现技法的溯源

第三节　环艺效果图技法表现的原则

课程概述： 本章以环艺效果图表现技法的相关概念为重点，结合设计案例、表现技法案例来理解效果图表现技法的概念、特点，以及与环境艺术设计之间的关系。通过对效果图的发展历程的追溯和技法分类的讲解，引导学生拓宽对于效果图表现技法范畴的认识，让学生理解效果图表现技法与设计之间的关系。而对新技术、新材料的讲解与观念更新，让学生明白创新对于表现技法有不可忽视的重要推动。

课题时间： 8课时

课程要求： 通过学习效果图的发展进程、历史溯源和表现类型，学生要理解不同表现类型的表现图与设计之间的紧密联系。而对效果图表现技法原则的学习，是帮助学生确立对效果图的正确观念，在后期课程的学习中有明确清晰的目标。

知 识 点： 环艺效果图的基本概念，效果图的技法分类，电脑技法与手绘效果图的组合运用，效果图技法的表现原则。

重点难点： 效果图技法的分类与设计理念之间的结合，效果图技法与计算机表现之间的关系，根据效果图技法表现原则确立判断效果图优劣的标准。

作业要求： 1. 大师经典效果图作品临绘1幅，4开画幅。
2. 纸张材质与表现媒介根据临绘作品选择。

作业评价： 1. 临绘要忠于原作特征，在追求近似的临摹过程中体会经典作品绘制的特点，熟悉相应的纸张与表现媒介之间的结合效果。
2. 透视严谨，色彩关系明确，色调和谐。

第一节 环艺效果图的基本概念

1. 效果图表现技法

1）基本概念

透视效果图是室内外设计的组成部分之一，是设计师表达设计思想的视觉设计语言，也称为表现图、渲染图等。国际上通用的英文表达为Perspective，即透视表现，并含有"看得明确"的含义。

从"表现技法"的角度来讲，我们可以把效果图当作一门技能；从工作角度来讲也可以把效果图的绘制当作一个职业基本素质，它是设计师表达设计的平台，是可以间接决定一个案例是否获得成功的重要因素，在设计领域的重要性不言而喻。从客户的角度来说，它要比专业的工程图直观得多，逼真地再现设计师的设计构想，它更像是一张图画，对于客户来说也更易于理解。

2）手绘效果图的分类

一类是构思性的手绘——设计草图，一类是记录性的手绘——以速写为代表，还有一类是最终决策方案的手绘表现图——诸如以水彩、喷笔等工具创作的建筑表现图。

首先说最终决策方案图。作为全因素渲染图，这类效果图具有逼真的效果和浓厚的艺术气息，往往由专业的效果图画师来完成，媒介种类多样，不同的技法表现的效果也不同。但是因为耗时长，且需要深厚的绘画修养、高超的绘制技法，很多设计师望而却步，所以在电脑软件制图盛行的实战中已经不占主流位置，但是因其与绘画相接近的艺术性，仍在某些高端设计需求里有重要地位。很多经典项目在完成阶段仍然会采用手绘的方式来再现最终效果，作为一种价值很高的绘画艺术品被业主和设计师收藏。（图1-1至图1-3）

图 1-1　TRUMP INTERNATIONAL HOTEL AND TOWER /Richaud C.Baehr/ 丙烯绘制 / 美国纽约 /1998

图1-2 某火车站俯瞰效果图/彩色铅笔+电脑透视稿

图1-3 某休闲购物中心入口空间效果图/铅笔墨线透视+水彩

其次来说速写。即便照相机如此方便，很多设计师仍然有画速写的习惯。因为速写的最大意义是体现一种"主观选择性"，寥寥数笔其实体现的是绘者对眼前景象的观察后有条件的抽取，从而完成一幅有主题、构图有主次关系的记录作品。不同人的速写，可以看出不同的关注点，所以面对同样的写生场景，每个人完成的画面是很不一样的，这也是最有意思的。所以说速写的意义其实是记录思维的痕迹，至于笔法，则因人而异各有千秋。

对于设计师而言，速写更多的是一种信息的记录与整理。如遇见好的设计亮点或者出行过程中对所见景象进行主观的有构图取舍的描绘，这会比相机拍照更好地记忆和感受场景与空间。（图1-4至图1-7）

图1-4 安徽宏村风景速写/宋桢/钢笔/1999

图1-5 苏州风景速写/宋桢/钢笔/1999

图1-6 英格兰Westdean 速写/建筑师 BARRY RUSSELL/钢笔

图1-7 苏州周庄速写/宋桢/钢笔/1998

第三种构思草图，是设计行业必须具备的技能，永远不会过时，与时代无关，是设计师终身必备的基本专业素质。灵感最初是不精确的，这就需要同样不精确的表达方式，这就是草图存在的必要性。因为草图的快速图形符号化语言是最及时的记录方式，这是任何其他方式都不能替代的。设计师在手、脑、眼三者的合作下，才能完成一个完整的思考过程，这也是电脑效果图软件兴盛发展的当下，依旧有众多的设计名师坚持手绘构思草图的原因。

记录下混沌易逝的灵感，就是好的草图，草图更多的情况下是设计师与自己交流的图画，不必纠结于画面上的美观。当然，从与同行、客户交流的角度来说，草图若能让他人同样一目了然、立刻领会设计要点，那自然是最佳的。

如图1-8，安藤忠雄在草图中反复推敲光之教堂的平面比例与模数关系，这样的构思草图就是设计师用手绘图形语言与自己交流的思考方式。

图1-9的草图中，高技派建筑师伦佐·皮亚诺全面而生动地用多种手绘图示符号思考各种设计元素间的协调关系，如太阳高度角的因素、植物与建筑之间的遮光与通风的合理性等。运用图示草图，设计师可以更自如地完成大信息量的组合式思考。

图1-10建筑师用了极小的草图拷贝纸，推敲示意了建筑的光影与色调关系，虽然形式简易，但是设计师的构想已经跃然纸上。

因此，构思草图的样貌是丰富多样的，但无论哪种类型，只要能实现设计师与自身的思想交流，或者能与他人进行沟通，就实现了构思草图的意义。

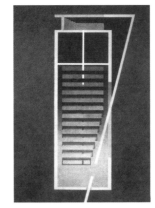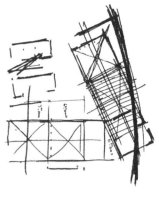

图1-8 光之教堂草图与最终平面图纸 / 安藤忠雄 / 日本大阪 /1989

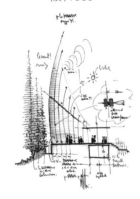

图1-9 芝贝欧文化中心草图及建成实景 / 伦佐·皮亚诺 / 意大利 /1995

图1-10 绘制在硫酸纸上的建筑光影构思草图 / 彩铅 + 马克笔 + 油画棒

2. 效果图的技艺特色

效果图作为一种绘画形式，与绘画之间有紧密的关系，可以说良好的绘画基础是效果图品质的保证。因此，国内外众多效果表现的名家都有敏锐的观察力，更具备深厚的绘画审美与修养。但是，效果图又有它的特点，略不同于纯绘画艺术，所以，明确两者的相关性和不同点是准确掌握效果图技艺的关键。

首先，手绘效果图表现应具备的技术素质中应具有一定的相关设计学科知识。因为只有充分理解设计的构思和意境方能着手进行效果图表现。同时，效果图的表现应严格符合设计的逻辑性、空间或形体的严密性和尺度比例的准确性。

而绘画作品里有时候接受甚至鼓励主观性的创作与发挥，从而更加强烈地表现作者特定想要表达的某种主题，会与真实的场景有较大差异，这在设计类效果图的绘制里是要避免的。效果图就是要客观地表现设计师的设计构思，再现这些大脑里无形的思考，让客户可以更好地理解设计师的理念，从而达到良好的交流结果。

其次，必须具备一定的艺术修养和绘画基础。效果图是基于其他绘画形式基础之上，但又区别于其他画种的绘画形式，它模拟待建设中的建筑空间尺度、物体造形、环境气氛、材质肌理等，因此，绘制表现图应以绘画理论知识为依据，运用绘画的基本观察方法观察物体在不同色光照射下产生的形象、色彩等因素，让表现图与实际中的形象吻合起来，使画面中表现的待建筑空间具有实际空间所显现出来的形、色，这是一个从认识到描摹到记忆再到再现的过程。因此，要掌握表现图技法，就必须有很强的专业观察能力和绘画表达能力。

一个从事效果表现图设计和绘制的人员，其素描和色彩的功底深浅将直接影响表现图的水准高低。尤其是室内表现图，因其室内的尺度与人体更为接近，光照形式也较室外环境复杂多变，所以对室内景物的表现就更要细致入微，光影的处理和质感的体现都达到了相当的难度。因此，一定的绘画功底是必不可少的。

除了对透视法则的熟知与运用之外，还必须学会用结构分析的方法来对待每个形体内在构成关系和各个形体之间的空间联系，学习对形体结构分析的方法要依赖结构素描的训练。（图1-11至图1-13）

在透视关系准确的骨骼上赋予恰当的明暗与色彩，可完整体现一个具有真实性和艺术性的形体。人们就是从这些色彩与明暗中感受到形体与空间的存在。作为训练的课题，要注重"色彩构成"与"物体色彩空间变化规律"的学习和掌握。

图1-11 基于对比例、结构研究的结构素描

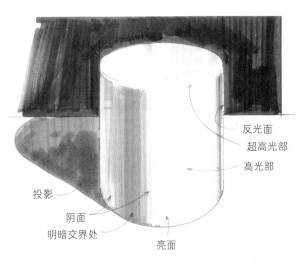

反光面
超高光部
高光部
投影
阴面
明暗交界处
亮面

图1-12 基于单个形体明暗光影研究的图示

最后，还需要具有娴熟的表现图技法。因为具备了一定的设计学知识和相当的绘画基础，不等于就能创作出优良的表现图。其原因就是，效果图的表现虽然同一般绘画有不少相通之处，但也有许多自身的特点。相对于纯绘画而言，效果图更注重程式化的表现技法，它有许多严格的制约和要求，更多地强调共性而非个性表现，作画步骤也十分理性化和公式化。所以，若不熟练掌握效果图的一些基本原理和表现方法，即使具有相当的绘画能力，有时也不知如何着手，既快又好地画出具有说服力的建筑表现图。

一张优秀的建筑表现图，必须是设计师与画师共同创造的结晶。只有先诞生高品质的设计原型，再加上优秀画师的表现，才能产生真正具有审美价值的效果表现图。反之，二者缺一，就很难出现高质量的画面效果。

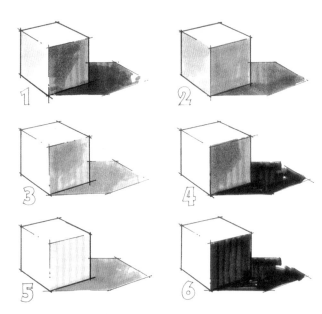

图1-13　基于单体与环境之间光影关系研究的图示

3. 环艺效果图与环境艺术设计

环境艺术设计的方案可通过工程制图、模型、文字说明及效果表现图等形式表达出来。其中，工程制图虽表现得最为确切，但由于其专业性太强而使一般未经专业训练的人很难读懂，尤其是为业主提供设计方案时，设计师与业主之间对设计方案的理解常常不易沟通。模型，因直观性强，并可以从不同角度进行观察，在国内外设计领域内被广泛应用，但它却无法表现出建筑物所处的环境、气氛和材料质感，故而显得美中不足。文字说明是设计师设计的辅助手段，仅可以作为视觉形象的补充说明。上述三者都不如建筑表现图真实感人，具有说服力。

效果图具有的直观性、真实性、艺术性，使其在设计表达上享有独特的地位和价值。它作为表达和叙述设计意图的工具，是专业人员与非专业人员沟通的桥梁。在设计的商业运作领域里，工程投标中所用的效果表现图，其优劣直接关系竞争的成败。（图1-14至图1-16）

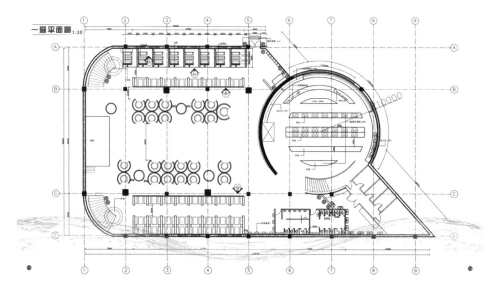

图1-14　"针尖上的舞蹈"餐厅平面方案图／CAD制图／黄译萱／2014

效果图展示

在大廳中，利用原有的層高優勢，利用設計的起伏變化，創造出豐饒層次的趣味性，并置富了空間的視覺感受，填蓋了大廳最戲劇般的場景。

建築的核心是水，如水般流淌、叮咚。我也希望我的設計中有美麗神秘的印象，這些設計能傾訴打出一串疊疊，人們"直觀"的去感受，一種潛意識的過程，人們在享受這個空間氛圍。

起伏的頂，這也是最初形態的。它像是一個動物，匍匐在空間之中有呼吸，它妙趣遠有起伏，你也可以看到它的多面性，并不是簡單的不同。《千字文》中說"空谷傳聲，虛堂習聽"不是一個整體，而是一個空曠的虛體。

警藏每層據有4米的層高，那麼這個空間就是8米的層高，運用石材和木材作為周邊的裝飾，成為強調傳統與現代相融合的手法。

空間中的圖騰柱的運用，有種懷古的感覺，我是想讓這兩者之間形成一種對比。虛實對比 — 虛的空間與實的牆體或者餐椅之對比；色彩對比 — 互補色之對比，冷色對比 — 玻璃與噴珠、金屬與木材、扁有與皮革之對比；形體對比 — 方形與圓形、直線與曲線之對比。

中國畫和書法中最常見到留白，中間的這一部分，平的，制氣破落，我想做空間中的留白處理，緩和一下整個頂部的節奏，每一部分都還一個清淨的空間留給使用者。

图 1-15　"针尖上的舞蹈"餐厅方案效果图 1/ 水彩渲染 / 黄译萱 /2014

效果图展示

圖形的空間，情願我用的是竹制的針，因為最早的針就是竹子做的，而且也與整體碰碰的色調相呼應。被線透過透空的竹鋼，不僅保持了原有的層高優勢，亦使上下三層有了微妙的互動關系。竹

图 1-16　"针尖上的舞蹈"餐厅方案效果图 2/ 水彩渲染 / 黄译萱 /2014

第二节　环艺效果图表现技法的溯源

1. 效果图表现与技法的发展

效果图作为设计语言，在西方从17世纪开始发展至今，因为具有较强的空间表现力、艺术直观性好，且绘制相对容易的优点而被广泛应用于建筑设计、绘画、工业设计、雕塑、戏剧、电影、服装设计等视觉造型设计中，扮演着重要的角色，成为设计师表现构思的重要方法。（图1-17至图1-20）

手绘效果图是以设计为依据，通过手绘技法手段直观而形象地表达设计师的构思意图和设计最终效果，因此，它是一门集绘画艺术与技术为一体的综合性学科。

效果图在古老的建筑学发展史上早已出现，文艺复兴时期的建筑设计师是全才，他们把设计与表现融为一体，例如米开朗基罗既是建筑师，又是工程师，同时还是画家、雕塑家。在建筑教育的始祖布扎的理论中，建筑师要接受大量的渲染训练，因为强化效果图的表现力是建筑设计师的基本技能。（图1-21、图1-22）

但是，随着现代设计行业的发展，社会需要精致性设计，从某种意义上说，它需要的是精细的分工、各自发挥所长的就业模式，西方工业化国家早已经这样做了。近十年计算机软件的成熟孕育了一批计算机绘图技术人员，国外早已出现，国内近些年也开始出现许多专业效果图及模型的事务所，同时形成一个专业表现工作者队伍，他们是设计师表现之手的外延——从某种意义上说，他们的工作是对设计师创造性工作的再创造。

效果表现图因其创作绘制的专业性极强，并非一朝一夕所能驾驭，现国内外相关领域人才济济，已构成一个专门化领域，进而形成了一种新兴的行业，并有了培养这方面人才的专业学校。

图 1-17　服装设计领域 DIOR 时装设计效果图

图 1-18　BMW MINI COOPER 汽车设计效果图

图 1-19　电影脚本拍摄场景构想草图

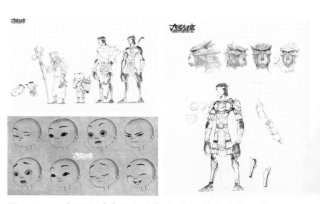

图 1-20　动画片《大圣归来》角色细节审定构思效果图

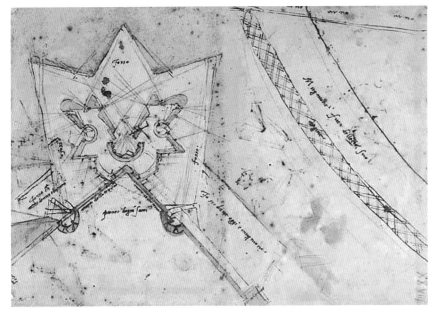

图 1-21　佛罗伦萨德尔普拉托区的防御工事草图（地面平面图）/ 米开朗基罗

图 1-22　罗马奥勒良城墙门设计草图 / 米开朗基罗

2. 效果图表现技法的种类

效果图的表现手法多种多样，有铅笔素描表现、水粉表现、水彩表现、钢笔淡彩表现、马克笔表现、喷绘表现、电脑辅助设计表现等。其中，水彩表现方法生动、明快；水粉表现方法厚重、立体感强；钢笔淡彩表现方法快捷、方便；喷绘表现方法细腻、真实。各种表现手法各具特色，但他们都依据素描、色彩、透视、构图等绘画知识，是具科学性、具象性的专业绘画形式。

1）水彩渲染

水彩渲染是徒手设计表现图中较为普遍的教学训练手段。水彩表现要求底稿图形准确、清晰，忌用橡皮擦伤纸面，而且十分讲究纸和笔上含水量的多少，即画面色彩的浓淡、空间的虚实、笔触的趣味都有赖于对水分的把握。

水彩画上色程序一般是由浅到深、由远及近，亮部与高光要预先留出。大面积的空间界面涂色时，颜色调配宜多不宜少，色相总趋势要基本准确，反差过大的颜色多次重复容易变脏。

（1）退晕法：先将图板倾斜，首笔平涂后趁纸面湿润在下方用水或加色使之逐渐变浅或变深，形成渐弱或渐强的效果。

（2）叠加法：图板平置，将需染色的部位按明暗光景分界，用同一浓淡的色平涂，留浅画深，干透再画，逐层叠加，可取得同一色彩不同层面变化的效果。

（3）平涂法：图板略有斜度，大面积水平运笔，小面积可垂直运笔，趁纸面湿润衔接笔触，可取得均匀整洁的效果。

水彩画技巧中的沉淀、水渍等效果对质感的表现也是可取的。目前室内表现图中钢笔淡彩的效果图较为普遍，它是将水彩技法与钢笔技法相结合，发挥各自优点，颇具简捷、明快、生动的艺术效果。（图1-23、图1-24）

图 1-23　某国际机场设计方案俯瞰效果图 / 传统补色对接水彩渲染

图 1-24　某游艇码头设计方案 / 水彩渲染

图 1-25　某商业中心主入口外观效果 / 马克笔 +
尺规工具 + 喷笔（天空）/ 美国

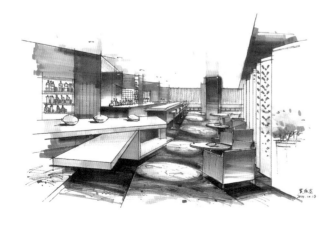

图 1-26　咖啡厅设计方案效果 / 黄依炎 / 马克笔 /2014

2）马克笔画技法

马克笔以其色彩丰富、着色简便、风格豪放和成图迅速，受到设计师普遍喜爱。马克笔笔头分扁头和圆头两种，扁头正面与侧面上色时笔触宽窄不一，运笔时可发挥其形状特征，构成自己特有的风格。

马克笔上色后不易修改，因此一般应先浅后深，浅色系列透明度较高，宜与黑色的钢笔画或其他线描稿配合上色，作为快速表现也无需用色将画面铺满。有重点地进行局部上色，画面会显得更轻快、生动。马克笔的运笔与勾线一样也分徒手与工具两类，应根据不同场景与物体形态、材质以及表现风格选用。

水性马克笔修改时可用毛笔蘸清水洗淡，油性马克笔则可用笔或棉球头蘸甲苯洗去或洗淡。

马克笔有两种表现形式：
一、在针管笔线稿的基础上，直接用马克笔上色。由于马克笔绘出的色彩不便于修改，着色过程中需要注意着色的规律，一般是先着浅色，后着深色。

二、与其他工具相结合。如马克笔与彩色铅笔结合，与水彩、水粉结合，都是行之有效的表现手段。（图1-25、图1-26）

3）色粉笔画技法

色粉笔使用方便、色彩淡雅、对比柔和、情调温馨，在各种结构转折、过渡、渐变的时候表现效果丰富自然。室内外设计中墙面明暗的退晕和局部灯光的处理均能发挥其优势，室外环境的天空、水体、环境色调的细微调整也可以显示出色粉笔的优势。

色粉笔质地细腻，色彩也较为丰富，不足之处是缺少深色，故可配合木炭铅笔或马克笔作画，尤其是以深灰色色纸为基调，更能显现出粉彩的魅力。（图1-27至图1-29）

图 1-27 某咖啡厅分区与动线轴测分析图 /
色粉笔 + 深色色粉专用卡纸 / 美国

图 1-28 欧式娱乐空间灯光效果图 / 色粉笔 + 深色色粉专用卡纸 / 美国

图 1-29 建筑外观夜景灯光效果图 /
色粉笔 + 深色色粉专用卡纸 /
美国

4）水粉（丙烯）画技法

水粉（丙烯）画色彩明快、艳丽、饱和、浑厚、作图便捷和表现充分等优点是效果图表现技法中运用最为普遍的一种。水粉表现技法大致分干、湿（或厚、薄）两种画法，实战中两种技法也经常综合使用。

（1）湿画法：湿的概念一是指图纸上有水分，二是指所用笔调混颜料时含水较多，适宜于大面积铺刷底色和快速表现，对空间界面的明暗过渡和曲面形体微妙转折的表现极为有效。湿画法在绘图时采用类似水彩画的某些技法，如：亮部分的留白以及颜色之间的衔接、浸润等。

（2）干画法：并非不用水，只是水分较少、颜色较厚而已。其画面色泽饱和、明快，笔触强烈、肯定，形象描绘具体、深入，质感厚重，更富于绘画特征。但是处理不当，笔触过于凌乱，也会破坏画面的空间和整体感。无论薄画、厚画，水粉颜色和深浅都存在着干湿变化较大的现象，对此须在长期实践中积累经验，一般情况下，深和鲜的颜色干透后会感觉浅和灰一些。在进行局部的修改画面调整时，可用清水将局部四周润湿，再作比较调整。水粉表现图与水彩表现一样，都须将图裱在图板上，铅笔轮廓线可稍深一些。用大号底纹笔刷出画面的基本色调，这种基调可平涂也可上下退晕，体现光色的变化。（图1-30、图1-31）

图 1-30　建筑外观效果图临绘 / 宋桢 / 水粉厚
　　　　画法 /2000

图 1-31　餐饮空间照片临绘 / 水粉厚画法 /2002

图 1-32　建筑外观效果图 / 彩铅 + 有色纸底
　　　　稿 / 美国

5）彩色铅笔技法

彩色铅笔是表现图常用的工具之一，它有使用简单方便、色彩稳定、容易控制等优点，常常用来画设计草图的彩色示意图和一些初步的设计方案图。彩色铅笔的不足之处是色彩不够紧密，不易画得比较浓重并且不易大面积涂色，当然，运用得当，会有别样的韵味。

我们在使用的过程中会遇到如何选择的问题，一般来说以含蜡较少、质地细腻的彩色铅笔为上品，含蜡多的彩色铅笔不易画出鲜丽的色彩，容易"打滑"，而且不能画出丰富的层次，除非为了追求特殊效果可以例外考虑。另外，水溶性的彩色铅笔也是一种很容易控制的色彩表现工具，可以结合水的渲染画出一些特殊效果。采用纸张不宜选择光滑的纸张，一般选择铅画纸、水彩纸等不光滑并且有一些表面纹理的纸张作画比较好。不同的纸张变化可创造出不同的艺术效果，在实际的操作中积累经验，这样就可以做到随心所欲、得心应手了。（图1-32）

6）混合互补的组合技法

在实战的效果图绘制中，经常会使用多种技法与工具的混合，因为每种技法都有自身的优缺点，所以，技法与工具的混合可以取长补短，更好地完成效果图的表现。

常见的有马克笔与彩铅的结合、铅笔（各类勾线笔）与淡彩的结合，其中淡彩可以是水彩、水粉和马克笔等多种媒介。（图1-33至图1-35）

图 1-33　某办公室内景 /S·林曼 / 马克笔 + 彩铅 / 美国

图 1-34　建筑入口效果 / 铅笔 + 单色淡彩 / 美国

图 1-35　某公共建筑走廊效果 / 铅笔 + 水彩淡彩 / 美国

3. 手绘与计算机表现

电脑效果图是科技的产物，在20世纪90年代初期，电脑效果图已经在我国慢慢出现了端倪，它的优势是具有类似照片般的真实、工整的感染力，可以让非设计专业的甲方直观地看到设计师的设计想法，方便沟通和理解。这方面的优势的确是手绘效果图可望而不可即的，这是电脑效果图风靡设计界的主要原因，一时之间，电脑效果图也几乎成了设计的全部含义。很多设计师纷纷扔掉手中的笔，一窝蜂地拿起鼠标，把自己的主要精力转向软件的操作。但科技的便利功能有时候往往会使人的思维变得懒惰和迟钝。设计师的个人感知和设计灵感也并非依靠软件就可以完成的，也不是每个设计师都会让电脑效果图表现得出神入化。这就陷入了一个很大的误区。如何正确地认识两者的关系呢？首先应该先清楚两者各自的优缺点。

1）手绘与计算机表现的优缺点比较

写实性：
电脑软件制图在材质、灯光和气氛渲染上比手绘更真实，对于不能理解手绘线条之美的非设计专业的客户而言，像逼真照片的电脑效果图的确更容易理解；而手绘效果图则需要本身具有一定的文化艺术鉴赏力的客户才能接受，这在当下设计客户市场还不成熟的我国比重是很小的。

快捷性：
手绘与电脑效果图最本质的区别体现在，前者几秒钟就能构思一个空间，并且几分钟就能画出空间的效果图，而电脑则要通过运算程序需要一天甚至几天时间。电脑作图规范、方便，易修改、复制和保存，而手绘则在这方面处于劣势。

交流性：

电脑效果图如控制不好，易呆板、生硬和过度表现，手绘则显得较为灵动和富有生气。手绘便于设计师根据客户的需求，马上运用手绘的图像直接与客户交流，而电脑则不行。手绘可以到工地与工人师傅直接交流，比如一个节点的技术交底、一个工件的交接处的收口等，可直接画在墙上或地上，但你却不能费事地操作电脑软件绘图与工人交流。

2）国内外设计师对手绘与计算机表现的观点

在欧美许多建筑事务所里，设计师们除了正式出图用电脑软件设计方案外，在前期更普遍的还是用手绘草图的方式去表达交流，方案设计的过程本身应该是一个科学而合理的体系，不管是软件制图还是手绘表现图，都应该为其设计内容服务，但设计手绘表现图显得更为重要，它贯彻于设计过程的始终，可以让建筑师不断完善设计理念和感性思维表达，手绘草图在解决设计中出现的问题时毫无疑问是最有效、最快捷的。

更多老一辈的建筑师更是推崇手绘草图，认为它更能捕捉建筑师的设计灵感。中国工程院院士、建筑大师程泰宁在谈到手绘草图时这样讲道："非常幸运能从事建筑这个行业，因为它跟很多行业不一样，是非常有创造性的工作。设计师可以看到自己的草图从图纸变成实物，而且看到后又觉得自己还有很多可以再提高的地方。对我来说，它始终有吸引力，促使我去做，让我想要继续往前走。有些人诧异我现在居然还会画草图，我说我要是不画草图，这工作我就不做了，我并不想像一些人建议的那样仅仅'点拨点拨'，之所以觉得做这工作有意思，是因为能始终感觉到思想在不断往前走，所以草图我要画，从方案、扩初到施工图的各阶段我都要控制，比如材料选择、节点设计等等，这让我可以看到从草案逐渐变成现实的全过程，这是一件令人非常愉快的事，也是非常吸引我的一个过程。"（图1-36至图1-38）

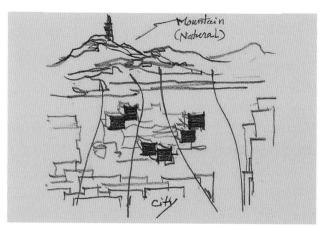
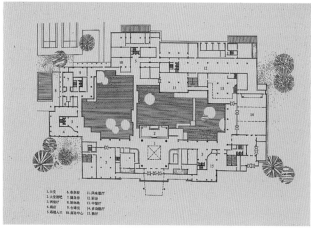
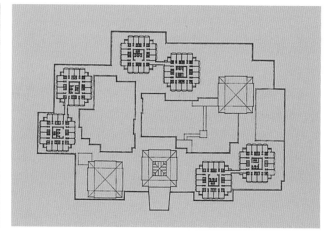

图1-36　杭州黄龙饭店构思草图与建成实景对照 1/程泰宁

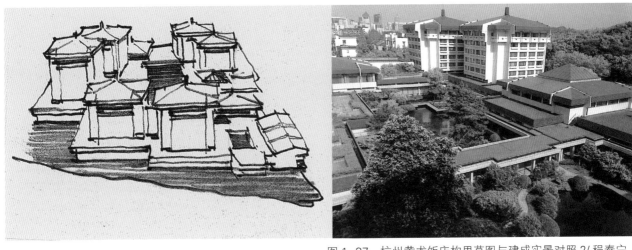

图 1-37　杭州黄龙饭店构思草图与建成实景对照 2/ 程泰宁

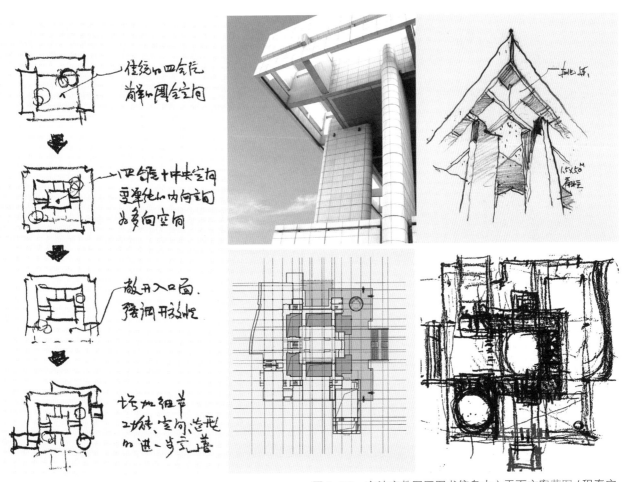

图 1-38　宁波高教园区图书信息中心平面方案草图 / 程泰宁

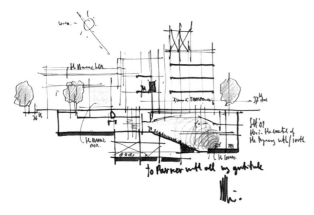

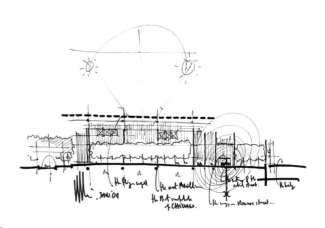

图 1-39　建筑剖立面与太阳光照角度分析草图 / 伦佐·皮亚诺

意大利的建筑大师伦佐·皮亚诺的草图表达具有鲜明的个人特色。其草图表达清晰，线条精练至极，少量色彩点缀让画面活泼灵动！他的构思草图是一种自信而成熟的建筑设计思维的直接流露。皮亚诺做每一个设计项目时都必须从画草图开始，他用草图的图形符号化的语言作为自己设计思考的引导。（图1-39、图1-40）

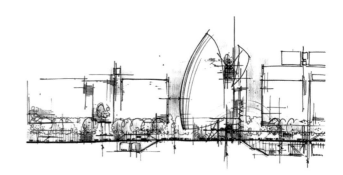

图 1-40　建筑剖立面分析草图 / 伦佐·皮亚诺

3）结论

手绘表现图在设计过程中应是一种独特的表现形式和手段，也是设计师必须掌握的一种技能，如果因为有了电脑效果图的制作而废弃它，必将有碍于设计思维的发展。

手绘设计表现图的基本作用是快速表达设计思路和理念，除此，更重要的还可以通过它来培养设计师的个人情感和艺术个性，并借以来提高自我的艺术修养，从某种意义上来说，电脑软件只是一个先进的制作工具，而不是有效的构思工具，电脑效果图只是手绘图的结果，或者说是手绘图的"终端产品"。手绘图纸出来的构思永远都是最本源的思维，远不是软件所能表达的，这也是为什么即便软件技术日新月异了，设计大师们都还推崇手绘这种"原始"的方式。当然，手绘和计算机绘图各有长短，相互不能替代。

手绘，是重视人脑、眼和手的同时配合，在设计探讨之初，更容易与思想同步，更容易捕捉没有成型的设计灵感。合理的设计方法是主张前期草图构思用手绘，后期表现则用电脑，这是获得模拟空间真实需求的正确方法。

4. 新技术、新材料的特性与运用

虽然提倡在设计的过程中手绘不可或缺，但是，在新技术、新软件和新材料迅速更新换代的当下，手绘的表现方式随着快节奏的生活方式也发生着改变，善于运用新的技术材料来为设计带来新的体验、提高工作效率，对于有思想、有主见的设计师和绘图师来说也是很重要的能力。所以手绘功底、电脑技巧以及各种处理能力的综合发展，才是效果图创新发展的生命力所在。

很多设计师开始借助Sketchup、AutoCAD、3Dmax、Rhino、Photoshop、Painter等电脑软件，它们有强大的计算功能和操作性，可以将设计师从复杂的透视求证和光影计算的工作里解放出来，更多的精力投入设计理念的思考。因此，设计师与方案之间的互动不仅仅停留在手和纸之间，互动可以发生在人和电脑之间。电脑计算有时候无法预计，也能让人惊喜，尤其是那些特效计算。让计算机去做，看它会给你什么然后再针对它做的结果来应对，好像下棋，你一手，我一手，是互动的过程。这样做常常会比事前设想的效果要好，也有类似徒手绘制效果图的偶然性灵感。

1）手绘与软件结合使用的方法

电脑辅助表现手法很多，使用灵活。高科技的发展使我们能够更方便地处理我们的作品，我们可以使用多种工具，比如精度高的扫描仪、像素高的数码相机，还有清晰的打印机等来帮助我们完成我们手绘与电脑的结合。

前面的内容里已经讲述了，效果图的类别有构思草图、记录型速写和最终方案表现，速写与草图因为主要是设计师自己的思考与记录，较少采用双技法的结合，而表现最终方案的效果时会用到。接下来介绍几种手绘与电脑结合的表现技法。

（1）电脑辅助透视制图：用CAD软件或者是3D软件制出透视图，然后打印出来再手绘完成。因为运用这些专业软件可以快速绘制出准确的透视，而且可以随时随更改视点、焦距，就像使用照相机一样，可以根据自己的需求得到想要的透视效果，再用打印机打印出线稿，细化细节，在此基础上再用马克笔、彩铅或水彩等工具来上色完成表现图。这样的效果图透视灵活，而且准确精细，空间感受强，手绘的艺术性和电脑的理性得到很好的结合。（图1-41、图1-42）

图1-41 艺术学院教学楼改造资料阅览室效果／宋桢／3D建模透视线稿＋马克笔＋彩铅／2010

图1-42 艺术学院教学楼改造建筑外观效果／宋桢／3D建模透视线稿＋马克笔＋彩铅／2010

（2）照片植入表现图：这是一种很讨巧的快捷表现方法，主要用于有较大空间场面要求的规划设计中，现场环境空间尺度均很大，很难用人工绘制的办法来表达时，可将特定环境现状通过照相术（包括航空拍照）拍成大幅照片，再将要规划设计的内容、建筑物通过绘画、渲染、制作，按比例"天衣无缝"地贴在现场环境照片中指定的位置，然后再将此已植入新内容（建筑等）的照片翻拍，经过印制过程的处理，使植入的画幅融于照片的环境之中，浑然一体，即完成了一幅新颖真实的全景建筑画。

操作难点在于植入建筑物的透视绘画角度与拍摄角度要一致。如果拍摄条件能解决，其他就无较大困难了。（图1-43、图1-44）

图 1-43　Regionalbahnhof Potsdamer Platz/ 现场实景照片 + 手绘效果图 / 德国柏林 /1993

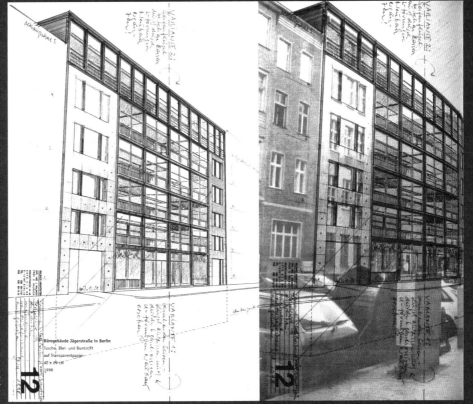

图 1-44　现场实景照片 + 手绘效
果图 / 德国柏林 /1998

（3）平面设计类软件处理后期效果

在手绘上色之前，用手绘的特有的线条感觉画出线稿，再把线稿用扫描仪或者数
码相机扫进电脑，然后用电脑软件上色。或者把完成得差不多的手绘表现图扫进
电脑，用软件来修正或者做想要的而手绘又表现不出来的效果，一般经常使用的
软件是Photoshop、Painter、Illustrator。（图1-45至图1-47）

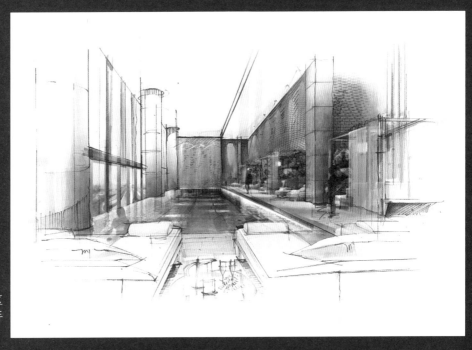

图 1-45　广东中山三诺会所泳池区
方案 / 赵晋依 / 马克笔手
绘稿 +Photoshop/2016

图 1-46 会客厅方案 / 迟凯 / 马克笔 + 水彩 +Photoshop/2002

图 1-47 Plateauhochhaus/ 手绘透视线稿扫描 +Photoshop 上色 / 柏林 /2001

我们现在运用手绘结合电脑来表现设计的内容形式越来越多，越来越灵活，因为各种辅助工具的使用程度也越来越广，如扫描仪、数码相机等，这些高科技产品已不再是稀奇的东西，它们的普及方便了我们对效果图的制作。到底如何选择这些工具取决于作图的需求，同时也受个人作图和使用软件的习惯的影响，在手绘与电脑软件结合制图时要注意：从图纸扫进电脑处理或从电脑打印出来绘制这一系列的反复过程尽量要少，否则会对图片的质量有很大的损伤，影响图片的效果。

2）模仿手绘效果的高效新工具

针对手绘效果，数位板的出现也为设计师带来更丰富的绘画体验，性能越来越出色的点感笔可以很逼真地模仿出手绘的笔触质感与力度，和手绘的效果十分接近，却可以反复修改，同时可以运用电脑的计算较真实地体现色彩和光影效果，从而缩短与实际施工之间的差距。（图1-48、图1-49）

数位板可以让你找回拿着笔在纸上画画的感觉，不仅如此，它还能做很多意想不到的事情。它可以模拟各种各样的画笔，例如模拟最常见的毛笔，当我们用力的时候毛笔能画很粗的线条，当用力很轻的时候，它可以画出很细很淡的线条；它可以模拟喷枪，当你用力落笔的时候能喷出更多的墨和更大的范围，而且还能根据你的笔倾斜的角度，喷出扇形等等的效果。

除了模拟传统的各种画笔效果外，它还可以利用电脑的优势，作出使用传统工具无法实现的效果，例如根据压力大小进行图案的贴图绘画，你只需要轻轻几笔就能很容易绘出一片开满大小形状各异的鲜花的芳草地。

好的硬件需要好的软件支持，数位板作为一种硬件

图 1-48 数位板绘图与压感笔工具

图 1-49 数位板对多种笔触的模拟效果

输入工具，结合Painter、Photoshop、墨客M-Brush等绘图软件，可以创作出各种风格的作品：油画、水彩画、素描等。用数位板和压感笔，结合Painter软件就能模拟400多种笔触，如果觉得还不够，可以自己定义。（图1-50至图1-53）

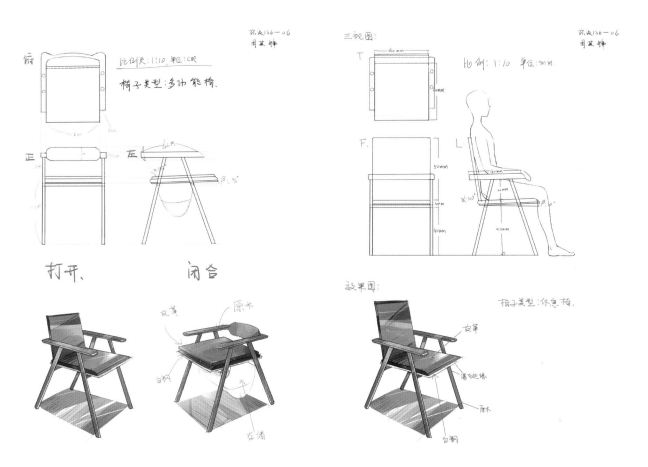

图 1-50 多功能座椅设计 / 周其峰 /AI+ 数位板 /2016

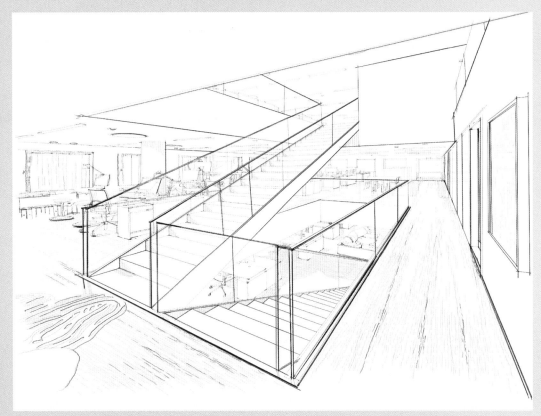

图 1-51　室内设计空间线稿 / 黄旭阳 /IPAD PRO 绘制 /2017

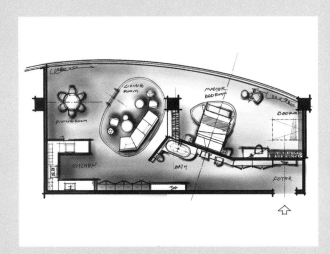

图 1-52　居住户型平面方案图 / 赵晋侬 /
Photoshop+ 手绘板 /2016

图 1-53　居住户型卧室一角方案图 /
赵晋侬 /Photoshop+ 数位
板 /2016

第三节 环艺效果图技法表现的原则

1. 真实性——客观真实地表现设计思想

就是表现的效果必须符合设计的造型要求，如建筑空间、体量的比例、尺度、结构、构造等。真实性是效果图的生命线，绝不能脱离实际的尺寸而随心所欲地改变形体和空间的限定；或者完全背离客观的设计内容而主观片面地追求画面的某种"艺术趣味"；或者错误地理解设计意图，表现出的效果与原设计相去甚远。正确地把握设计的立意与构思、深刻领会设计意图是学习表现图技法的首要着眼点。

造型表现要素符合规律，空间气氛营造真实，形体光影、色彩的处理遵从透视学和色彩学的基本规律与规范，灯光色彩、绿化及人物点缀诸方面也都必须符合设计师所设计的效果和气氛。能明确表现室内外建筑材料的质感、色彩、植物特点、家具风格、灯具位置及造型、饰物出处等。真实性始终是第一的。

2. 技术性——绘制工具的使用方法与技法程序的合理性

效果图的绘制过程中，除了对严格的透视原理、色彩组合规律、绘图工具材料性能的掌握，还有科学合理的绘制流程与习惯都是其技术性的体现。

"工欲善其事，必先利其器"，对于表达工具与媒介的性能要充分了解和利用，扬长避短。具体如纸张的不同质地对画面效果的影响，勾线笔的笔触效果，还有上色工具，如目前广泛使用的马克笔和水溶彩铅的特性和上色流程都需要在实践中不断熟悉掌握，总结出个人得心应手的绘制程序。并且，有条理的绘图习惯，如整齐有序的桌面管理也是提高工作效率的关键。

此外，面对不断更新的软件和新的电子绘图板等新技术和产品，也要敞开观念大胆尝试，利用好新媒介的优势，让各种表达方法互相取长补短，更高效地发挥效果图在设计中的表达效果。

3. 艺术性——空间视觉表现的美学效果

一幅效果图的艺术魅力必须建立在真实性和科学性的基础之上，也必须建立在造型艺术严格的基本功训练的基础上。绘画方面的素描、色彩训练，构图知识，质感、光感调子的表现，空间气氛的营造，点、线、面构成规律的运用，视觉图形的感受等方法与技巧必然增强表现图的艺术感染力。在真实的前提下合理地适度夸张、概括与取舍也是必要的。罗列所有的细节只能给人以繁杂，不分主次的面面俱到只能给人以平淡。选择最佳的表现角度、最佳的光线配置、最佳的环境气氛，本身就是一种创造，也是设计自身的进一步深化。

一幅表现图艺术性的强弱，取决于画者本人的艺术素养与气质。不同手法、技巧与风格的表现图，充分展示作者的个性，每个画者都以自己的灵性、感受去认读所有的设计图纸，然后用自己的艺术语言去阐释、表现设计的效果，这就给一般性、程式化并有所制约的设计图纸赋予了感人的艺术魅力。

第二章

设计与实训

第一节　居住空间的室内效果图表现

第二节　公共空间的室内效果图表现

第三节　传统建筑的效果图表现

第四节　现代建筑的效果图表现

第五节　园林景观的效果图表现

课程概述：本节以住宅、公寓、样板间、别墅等居住空间室内效果图表现技法的相关知识为重点，在介绍设计案例、表现技法和实训练习等内容的基础上，通过对效果图表现技法的知识点，如透视、线条与笔触、家具与单体的表现等内容的讲解，使学生掌握几种透视图的原理与绘制方法；通过线条与笔触的训练使学生掌握绘制生动效果图的线条要领，为后续的效果图表现打下坚实的基础。

课题时间：12课时

课程要求：学习国内外大师的效果图表现作品，学习透视图的原理，掌握居住空间室内效果图的绘制程序。

知 识 点：透视、线条与笔触、家具与单体的表现。

重点难点：透视图的原理与画法、线条的表现等。

作业要求： 1. 绘制平行透视图、成角透视图和微角透视图作品3幅，A3复印纸。
         2. 绘制常用居住空间室内的家具与陈设单体表现效果图2幅，A3复印纸。
         3. 用综合工具绘制居住空间室内效果图作品1幅，纸张不限。

作业评价： 1. 考核学生对透视技法掌握的熟练度、画面构图完整性、空间结构合理性，透视图能否很好地展示设计内容等方面。
         2. 线描稿的线条表现要丰富流畅，家具形式新颖、比例和谐，场景空间结构表现到位。

第一节　居住空间的室内效果图表现

1. 大师设计作品表现案例

1）注重绘画写意感的早期室内设计手绘表现

Jeremiah Goodman是出生在美国的波兰移民。他出生于1922年，在那个没有电脑制图的时代，手绘稿子就是设计师生存的饭碗。而Jeremiah Goodman的手绘技法在当时已完全脱颖而出，跻身最有影响力的室内效果图大师之一，为当时的大客户设计了为数众多的别墅及豪宅。

他以一种不经意的视角带你看到整个空间，画面的光影、虚实、比例和空间的意境都无可挑剔。他擅长运用油墨和涂料飞溅的笔触来表现复杂的空间。他刻意回避用电脑绘图，用其独特的笔触描绘出了室内与室外的很多优秀作品，完美诠释了平面图上设计师们的意图。如图2-1虽然笔触写意放松，画面如同写生绘画一般，但是建筑的空间结构准确无误，透视严谨，客观地展现了设计师的设计构思。

如图2-2中，光影与空间气氛的表现是他极其擅长的，完美地再现了设计师所要营造的空间意境。如图2-3，Jeremiah Goodman的画面基本无单线描绘细节，但是，巧妙地利用飞溅多变的笔触表现复杂的空间造型细节和色彩是他效果图的独特之处。

图 2-1　欧式古典建筑大厅空间效果图 /
Jeremiah Goodman/ 水彩

图 2-2　欧式古典空间效果图 /
Jeremiah Goodman/ 水彩

图 2-3　欧式古典空间效果图 /
Jeremiah Goodman/ 水彩

另一位举世闻名的设计师，弗兰克·芬埃德·赖特完成过很多经典的别墅居住空间，最负盛名的就是"流水别墅"。作为有机建筑的代表作品，在表现这座建筑与周围环境的和谐共处上，其手绘效果图的视角也是与设计理念紧密结合的。

虽然与Jeremiah Goodman的手绘效果图同处于没有电脑制图的时代，但是赖特作品的效果图绘制却与前者有很大的不同。更多地用精细的线条绘制，画面感更趋于精致与理性。但是，无论两者风格有多不同，对于效果图最基本的透视、光影、色彩材质以及建筑空间意境的再现，宗旨是一致的。（图2-4至图2-6）

图 2-4　流水别墅外观效果图 / 赖特 /
　　　　彩色铅笔 + 水彩

图 2-5　流水别墅外观效果图 / 赖特 /
　　　　彩色铅笔 + 水彩

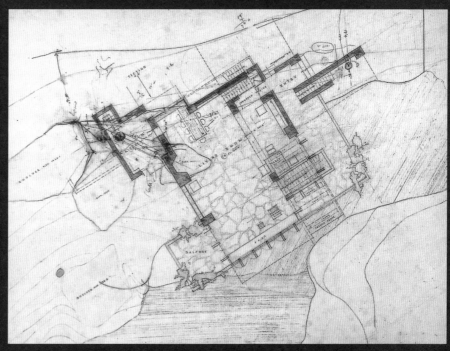

图 2-6　流水别墅平面图 / 赖特 / 彩
　　　　色铅笔 + 水彩

2）精准完整的当代样板间设计手绘表现

随着电脑制图技术的迅猛发展，其逼真的渲染技术和方便快捷的拷贝修改功能受到设计界的青睐，手绘效果图迅速减少。但是，相当一部分世界顶级的设计大师和机构依旧没有放弃手绘效果图，因为其特有的表现魅力和快速的设计沟通作用让设计师无法割舍。

Yabu&Pushelberg（以下简称Y&P）是成立于1980年的设计组合，一直保持着活跃的设计活力，特别在住宅设计和零售设计领域有出色表现。基于对目标客户的深入解读，Y&P在设计中才能做到超度的完整性，不仅仅是平面布局、材料和装饰，包括各个细节都能达到完美的统一。所有这些设计理念与特征也在他们的手绘效果图中得到了充分体现。（图2-7）

Y&P立面装饰手法无论是石材、木饰面、镜面玻璃，几乎都是通过格栅网格方式划分，配合不同的疏密层次，将线与面组合。这种做法其实对细节的把握要求很高。他们的设计作品里收边、围边以及压边、收口技巧特别多。Y&P对平面构成非常精通，木饰面也是一样，有拉槽的、有修边的、有线条压边等，痴迷"瘦长、苗条"的构成关系，大多体现一种"向上"的张力。几乎是一种材质铺满全场，少有混乱，确保每个面都有足够的张力。

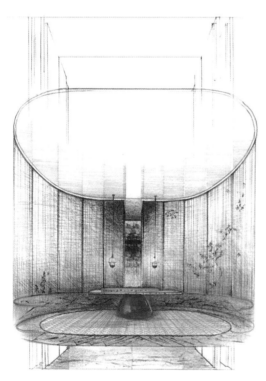 

图 2-7　效果图与效果图对应的空间实景 /Y&P/ 铅笔

2. 学生作业表现案例

1）学生作业———公寓室内设计

设计说明：该小户型公寓采用了简约时尚的设计风格，体现了一种自然温馨的氛围。在功能方面，客厅是主人品位的象征，体现了主人品格、地位，也是交友娱乐的场合，另外，电视背景墙部分采用了可移动设计，可根据不同需要自主选择观看方式，具有一定的实用性和创新性。（图2-8至图2-11）

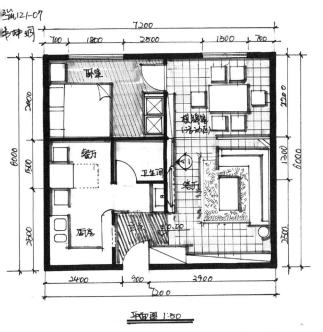

图 2-8　公寓平面布置图 / 韩坤炯 / 大连工业大学建筑 2012 级

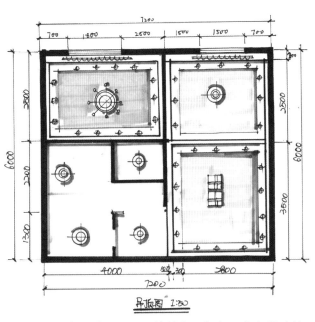

图 2-9　公寓天花吊顶图 / 韩坤炯 / 大连工业大学建筑 2012 级

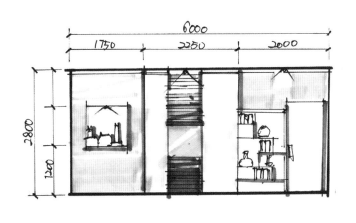

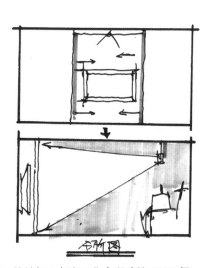

图 2-10　公寓立面及分析图 / 韩坤炯 / 大连工业大学建筑 2012 级

图 2-11 公寓室内设计效果图 / 韩坤炯 / 大连工业大学建筑 2012 级

教师点评：该生的设计为一个四小时的快题设计，小户型公寓的设计合理紧凑，风格简约大气，体现了现代家居的美学精神。在表现方面，制图严谨，透视准确，线条流畅，笔触豪放，上色不多却能充分地表现设计内容。

2）学生作业二——家居室内设计

设计说明：该方案为三室两厅的家居设计，其中包括客厅、厨房、餐厅、主人房、女儿房和工作室等。整个方案采用了新中式风格，提取中国的传统文化元素，在材料上选择了大面积的自然肌理漆和天然木质做造型，瓷器、藤编艺术灯饰以及中式屏风等的运用，与整个空间风格相呼应。大量的天然装饰让人有一种置身于自然的感受，大尺度的荷叶装饰画是设计的主题亮点，搭配花卉绿植，给予整个空间无限的生命气息。在客房空间中，运用了榻榻米，既方便了客人居住，同时也增加了储物空间，并且，榻榻米中间的升降桌，为女主人提供了一个简易的工作空间和休闲品茶区。整个空间营造出一种返璞归真的氛围。（图2-12至图2-16）

图 2-12　家居平面布置图 / 刘彦君 / 大连工业大学环设 2015 级

图 2-13　家居餐厅室内效果图 / 刘彦君 / 大连工业大学环设 2015 级

图 2-14 家居客厅室内效果图 / 刘彦君 / 大连工业大学环设 2015 级

教师点评：这组居室方案设计是二年级学生作品，室内设计风格统一，空间布置紧凑合理，软装搭配能够较好地诠释中式传统美学的内涵。在图纸绘制方面，施工图的绘制符合国家规范。效果图的表现上，透视准确，色彩搭配协调，能够真实地表现各种材质的质感，美中不足的是，上色稍显拘谨，但作为一个大二的学生来讲实属不易。

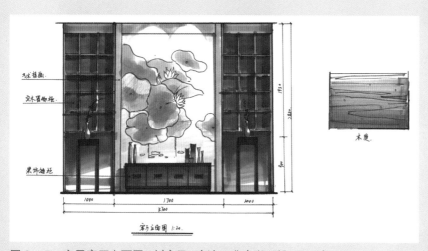

图 2-15 家居客厅立面图 / 刘彦君 / 大连工业大学环设 2015 级

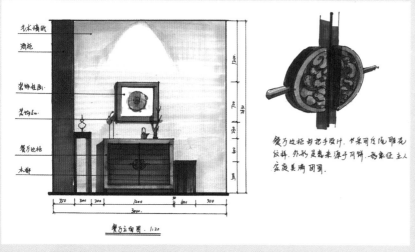

图 2-16 家居餐厅立面图 / 刘彦君 / 大连工业大学环设 2015 级

3. 相关知识点

1）环艺效果图常用透视

在环境艺术设计中，手绘效果图可以说是设计思路的一种快速表达方式，是设计师不可或缺的一项技能。而透视原理在手绘效果图中起到的作用非同一般，透视的准确保证了形体准确，而形体的准确恰恰是手绘艺术表现的重要手段。

我们在生活中看到物体都会呈现出近大远小、近实远虚的空间关系，甚至消失到一个小点的这种现象，这种现象就叫做"透视"。环境艺术设计常用的透视有平行透视、成角透视和微角透视等。

（1）平行透视：平行透视也称为"一点透视"，它是一种最基本的透视作图方法，即当室内空间中的一个主要立面平行于画面，而其他面垂直于画面，并只有一个消失点的透视就是平行透视。

平行透视的特点：方形物体中，平行于透视画面的线与面，在透视画面上不发生透视变化并保持原状；垂直于透视画面与线，在透视画面上发生透视变化。根据灭点定理的确定方法，消失点在视心点（C）的位置上。在透视画面上变线向视心点消失。

视心点作为变线的消失点，具有使画面中的景物表现集中、对称和稳定的优点。平行透视表现范围广，对称感和纵深感强，适合于表现庄重、严肃、大场面的题材，并为题材的主题配景。但是视心点的位置选择不好，容易使画面呆板。

平行透视画法：以卧室为例来说明平行透视的画法，卧室的长、宽、高分别为4.5m、3.5m、2.7m，视高为1.6m。利用测点法先画出卧室空间的透视，而后依次画出家具等室内细节的透视。具体画法如下：

a）建立坐标，以卧室的长度为X轴，高度为Y轴，并按实际比例画出长和高组成的长方形，按视高确定视平线，确定灭点C的位置，要有利于表现空间的性格，确定测点为M，CM距离为卧室画面长度的1~1.5倍。（图2-17）

b）确定卧室的透视深度，先确定宽度也为X轴方向（与长度方向相同），利用M点求室内的进深。（图2-18）

c）确定家具的透视，先把床和床头柜的透视深度线找出，根据形体关系和平行透视的规律画出其他部分。（图2-19）

d）画出窗户和其他室内细节。（图2-20）

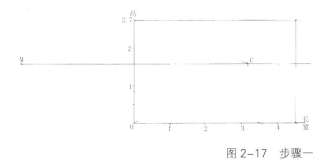

图2-17 步骤一

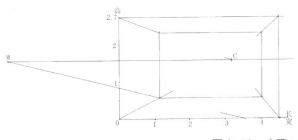

图2-18 步骤二

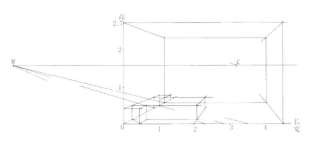

图 2-19　步骤三　　　　　　　　　　　　　　　　　　　　　　图 2-20　完成图 / 高铁汉、杨翠霞

图2-21、图2-22为利用平行透视绘制的环境艺术设计效果图。

图 2-21　公园景观平行透视效果图 / 王义男

图 2-22　客厅效果图 / 姜珊

（2）成角透视：方形物体的两组面与透视画面构成成角关系的透视，称为平视成角透视。凡是平行于画面的线为原线，只有近大远小的变化，不消失、无灭点；与画面成角的线为变线，变线均消失于灭点。成角透视有两个消失灭点，分别在心点左右的视平线上，为余点1、余点2（F1、F2），所以成角透视也叫两点透视。

成角透视特点：成角透视为两点透视，其长度方向和宽度方向有透视灭点，高度方向没有透视灭点。两点透视图画面比较自由活泼、富于动感，但是缺点是角度选择不好画面易产生变形。

成角透视的画法如下：

分析：以室内空间与透明画面的夹角 α 为30°，则测点M_2在中间位置，M_1在距F2方向的1/8处。

a）先画基线，根据视高（1.6m）确定视平线，确定视距，根据给定角度确定灭点的位置，在视平线上定出两个灭点F1和F2，并确定测点M_2（中间点）和M_1（距F2方向的1/8处）。

b）画坐标：画室内透视，则长度方向与F2同向，宽度方向与F1同向，高度方向竖直向上。（图2-23）

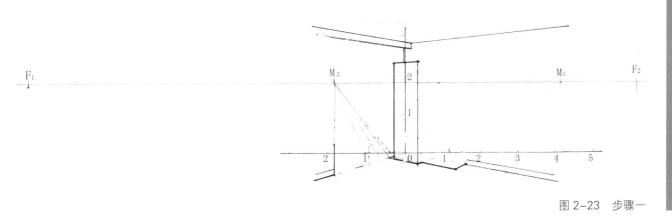

图2-23　步骤一

c）画透视图，先把家具形体在地面的透视点位置找出来，根据高度画出家具的形体透视，画出室内的其他细部结构。（图2-24）

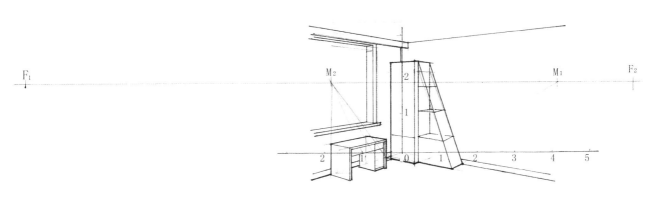

图2-24　步骤二／高铁汉、杨翠霞

图2-25、图2-26为成角透视的环境艺术设计效果图。

图 2-25　建筑设计成角透视效果图 / 王义男

图 2-26　客厅成角透视效果图 / 乔会杰

（3）微角透视：当角度很小时的成角透视称为微角透视，它是一种特殊的两点透视，其中一个灭点在画面中可以找到，另一个灭点则比较远，可用一点透视加变形处理画出。因此，微角透视也称为一点斜透视。微角透视表现的室内空间范围大，画面动感活泼，是室内设计表现中最为常用的一种透视。

微角透视画法如下：

a）首先按实际比例画出房间的长、高尺度和矩形外框，根据视高确定视平线，确定灭点C（C与M点距离为1~1.5倍的房间长度）。由矩形的四个点分别向灭点C引消失线。（图2-27）

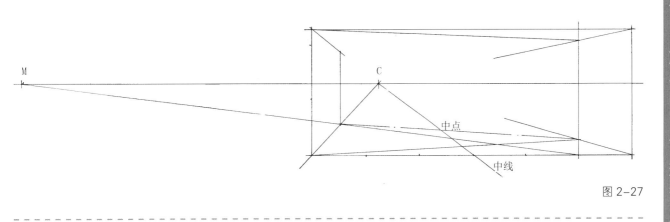

图2-27

b）建立坐标，靠近M一端为坐标原点（如左端），向另一方向（如右向）作刻度，可得长度及宽度的坐标，高度坐标为竖直方向。

c）变形处理，在灭点的另一侧，距边线一定距离（L/5~10）画竖线。如图所示变形了1/6，变形后长度线就变为斜线了，高度也变成左高右低了。（图2-28）

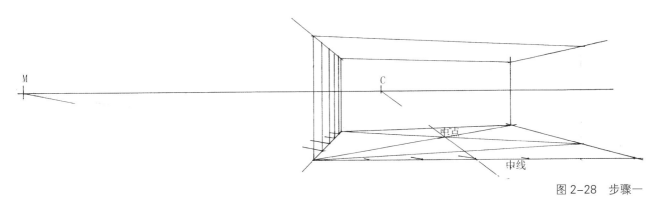

图2-28　步骤一

d）变形后房间的透视。确定C点，画房间的墙角线，再利用测点M求左侧房间的深度。 但由于房间是处于微动状态的，右侧的宽度可利用对角线和中线来确定。先画一条中线，再在左侧宽度处画对角线，中线与对角线的交点即可确定右侧房间的宽度及内侧斜线的斜度，这样，在微角情况下，房间的透视就画出了。（图2-29）

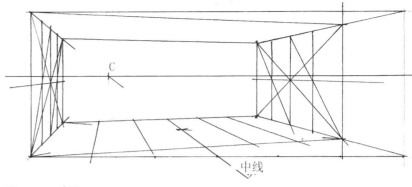

图 2-29　步骤二

e）画家具和细节。可以根据对角线和中线画出各侧墙面宽度及正墙面的长度，以及房间的高度和家具的尺度。（图2-30）

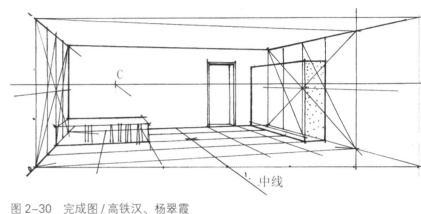

图 2-30　完成图 / 高铁汉、杨翠霞

图2-31为微角透视的环境艺术设计效果图。

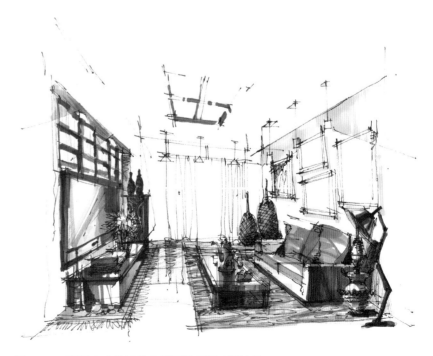

图 2-31　客厅室内设计微角透视效果图 / 祝鸿美

图2-32至图2-34是学生宿舍的三种透视图表现，通过对自己最熟悉的宿舍空间采用不同透视法绘制透视图，使学生掌握不同透视法对同一空间表现所产生的不同效果，这样比较生动直观，各种透视法的特点以及优缺点一目了然。通过这样的训练，使学生熟练地掌握透视法，在今后的设计工作中，能根据不同的空间采用适当的、适宜的透视法来表现空间效果。

图 2-32 学生宿舍平行透视 / 吴艳玲 / 大连工业大学环设 2014 级

图 2-33 学生宿舍成角透视 / 吴艳玲 / 大连工业大学环设 2014 级

图 2-34 学生宿舍微角透视 / 吴艳玲 / 大连工业大学环设 2014 级

2）线条与线条的组合

线条是组成画面的最基本元素，无论是平面图、立面图等二维图还是单体家具、整体空间的成品效果图，每个单元细节都是由不同的线条通过丰富的变化组合而成。因此，线条的练习是效果图的基础。

（1）直线：直线是室内手绘中应用最广泛的线条，讲究自然流畅，下笔肯定、有速度的力量感是画好直线的重要条件。按照直线的表现形式，可以将直线大致分为快直线和慢直线两种。

画快直线的时候，要有起笔和收笔，要注意起笔时稍有停顿，然后匀速运笔，运笔要果断有力，并注意线条的整体方向，收笔要稍做停顿，出现"两头重、中间轻"的效果。（图2-35）

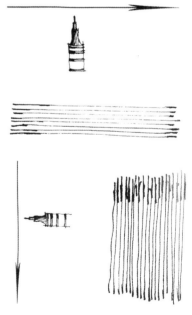

图 2-35 快直线

慢直线是不同于快直线的一种表现形式。虽然没有快直线的帅气，但是平稳易于掌握，适合初学者练习，也是设计师深入方案时经常采用的线条。（图2-36）

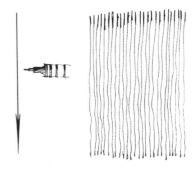

图 2-36　慢直线

（2）抖线：抖线比较容易掌握，在构图、透视、比例等关系处理得当的前提下，抖线可以出现很好的效果。很多手绘名家都采用这种线型。如图2-37抖线的运笔速度较慢，为了保证方向性，在绘制长抖线时，可以把长线分几段画完。（图2-38）

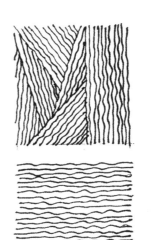
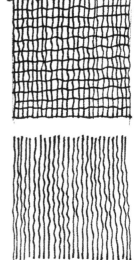

图 2-37　抖线

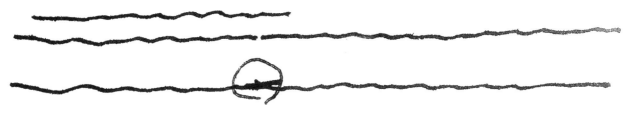

图 2-38　分段完成的长抖线

（3）线条的性格与表情——材质的表现。在效果图的绘制过程中，线条的变化是非常丰富多变的，如图2-39、图2-40。

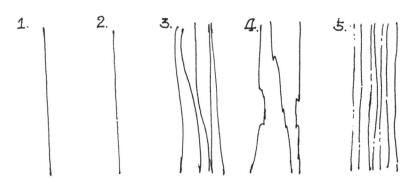

图 2-39　单一线条的表情性格

图 2-40　线条组合的训练

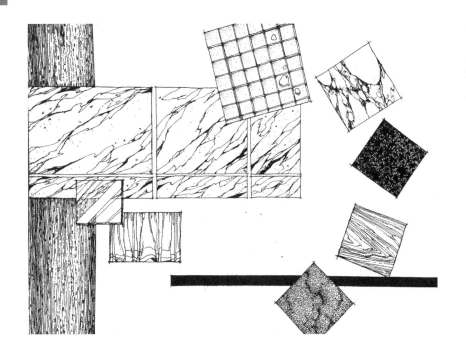

可以利用线条的粗细、曲直、虚实、疏密等特性，组合成不同的线条形式表现材质的特点。（图2-41）

图 2-41　组合线条的材质表现构成
宋桢 / 钢笔 /1999

3）家具与陈设的表现

画沙发、茶几、床等家具，要从整体入手，简洁、概括、生动地表现它们，注意它们的透视比例关系、形体组合关系，线条虚实的处理，要了解最新的家具款式、结构和材料。（图2-42至图2-47）

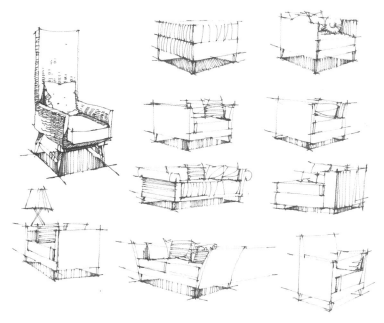

图 2-43　座椅、玩具 / 吴艳玲

图 2-42　座椅的单体 / 黄旭阳

图 2-44　家具组合 / 黄旭阳

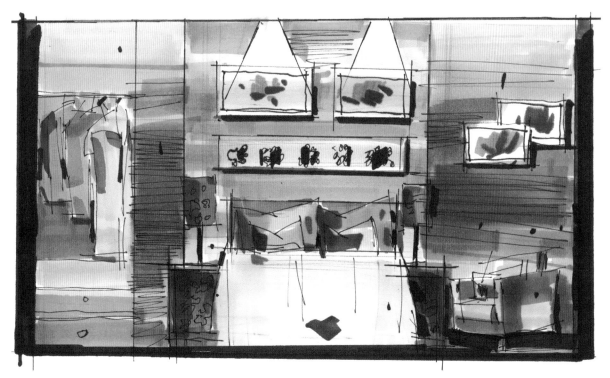

图 2-45　卧室立面图 / 吴成成 / 马克笔

图 2-46　家具与陈设组合 / 王义男 / 马克笔 + 彩铅

图 2-47　家具与陈设组合 / 乔会杰 / 水彩

4. 实践操作程序

子任务1）卫生间马克笔效果图的表现步骤训练

步骤一　画线描稿

首先，根据室内设计所要表达的内容画线描稿，注意构图大小适中、透视准确、比例协调、主次分明、线条流畅、能够明确体现设计意图，达到这些要求再去学习马克笔着色就容易多了。建议初学者把原稿复印，然后再用复印稿去着色，这样可以把原稿保存起来，可以随时复印研究不同的着色方式、色彩搭配。（图2-48）

图 2-48　步骤一

步骤二 画整体色调

着色时首先要想好基本色调搭配，挑选好搭色常用的马克笔色号，然后从室内的主要墙体和地面开始着色，着色时先从主色调、浅颜色、大面积进行铺色，在铺色过程中注意色彩的变化、近景与远景的色彩对比。（图2-49）

图 2-49　步骤二

步骤三 家具上色

开始进行家具的着色，注意家具质感的表现、家具与家具之间色彩的衔接过渡，过程也是从浅色到深色、从主色到附属色的过程，着色过程中要注意马克笔笔触的粗细、轻重急缓，这关系到色彩的微妙变化，同时要注意到灰色与亮色之间的比例关系、位置关系。（图2-50）

图 2-50　步骤三

步骤四 细部刻画，整体画面调整

对整体画面进行调整，着重对家具与陈设的细节和阴影着色，阴影的深灰重色使画面更加沉稳、有层次。（图2-51）

图 2-51　完成图 / 黄旭阳

第一节　居住空间的室内效果图表现

数位板，又名绘图板、绘画板、手绘板等，是计算机输入设备的一种，通常是由一块板子和一支压感笔组成，就像画家的画板和画笔。数位板作为一种硬件输入工具，结合Painter、Photoshop、墨客M-Brush等绘图软件，可以创作出各种风格的作品：油画、水彩画、素描等。下面就通过卧室一角的效果图绘制来简单介绍一下数位板的绘图步骤。

步骤一 绘制草图线稿，将线稿调整为"正片叠底"模式，且一直处于图层位置的最上方，线条不要求很精准，注意比例与透视关系。（图2-52）

图 2-52 步骤一

步骤二 新建图层，大面积平铺固有色，确立明暗关系，不需太注重细节，方便后续调整。（图2-53）

图 2-53 步骤二

步骤三 加深明暗关系，着重刻画部分细节。（图2-54）

图 2-54 步骤三

步骤四 最考验耐心的时刻，根据家具与陈设的材质来决定线条的表现力，如，窗帘要细腻柔软，床头柜则反之，注意光影的描画。结合Photoshop软件，加入沙发材质的贴图，并调整贴图的透视角度和透明度，完成效果图的绘制。（图2-55）

图 2-55 家具与陈设组合完成图 / 林子惠

课程概述：本节以公共空间室内设计表现技法的相关知识为重点，在介绍设计案例、表现技法和实训练习等内容的基础上，通过对公共空间室内设计效果图表现技法的知识点，如光影的表现、上色训练、常用室内陈设单体和材质的表现、计算机辅助设计等内容的讲解，使学生掌握公共空间室内设计效果图的表现技巧。

课题时间：12课时

课程要求：学习国内外大师的效果图表现作品，学习光影的表现、上色的方法，以及公共空间室内效果图中各种元素的绘制方法，掌握效果图的绘制程序。

知 识 点：光影的表现、上色训练、常用室内陈设单体和材质的表现。

重点难点：效果图的上色技巧和常用室内材质的表现。

作业要求：1. 用马克笔和彩色铅笔绘制公共空间室内效果图作品4幅，A3复印纸或有色卡纸。
2. 用马克笔和彩色铅笔绘制室内植物与陈设等单体表现效果图2幅，A3复印纸。
3. 用综合工具绘制公共空间室内效果图作品2幅，纸张不限。
4. 结合计算机技法绘制现代建筑效果图作品1幅，纸张不限。

作业评价：1. 考核室内效果图中的透视准确性、结构合理性。
2. 光影的表现和上色等方面的熟练度。
3. 对各种工具和纸张的掌握，以及手绘与计算机结合的综合应用表现能力。

第二节　公共空间的室内效果图表现

1. 大师设计作品表现案例

设计案例一 ——商业严谨的酒店室内设计表现

梁志天（Steve Leung），香港十大顶尖设计师之一，拥有香港大学建筑学学士、城市规划硕士多个学位，积累了丰富的设计经验。1997年创立了梁志天建筑师有限公司及梁志天设计有限公司。梁志天同样一直钟情使用手绘效果图进行方案的展示。图2-56至图2-60为梁志天绘制的大连新世界酒店室内设计效果图，他的手绘效果图透视精准、结构紧凑、用色高雅，有着舒适的空间尺度与和谐的空间意境再现。（图2-56至图2-60）

图 2-58　客房卫生间效果图 / 梁志天 / 马克笔 + 彩铅

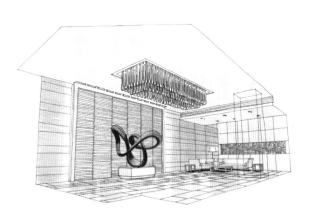

图 2-56　大堂效果图 / 梁志天 / 马克笔 + 彩铅

图 2-59　客房效果图 / 梁志天 / 马克笔 + 彩铅

图 2-57　门厅效果图 / 梁志天 / 马克笔 + 彩铅

图 2-60　套间效果图 / 梁志天 / 马克笔 + 彩铅

设计案例二——富有空间氛围的商业会所设计表现

高文安（Kenneth Ko），香港资深高级室内设计师、英国皇家建筑师学院院士、香港建筑师学院院士、澳洲皇家建筑师学院院士。24岁墨尔本大学建筑专业一级荣誉毕业；30岁创办高文安设计有限公司；40岁成为李嘉诚、成龙、梅艳芳等香港知名人士的座上宾；50岁开始健身，53岁出版自己的写真集，成为专业级健美男士；65岁再创自有品牌"MY"系列，旗下9大生活品牌；70岁获香港室内设计协会终身成就奖，获IFI重大国际成就表彰。在近40年的设计生涯内，设计了超过5000个室内设计项目，被誉为香港室内设计之父。

高文安作图从不用电脑，40多年来一直保持手绘的习惯，他说他更青睐手握画笔、笔贴纸张的踏实感觉。他的手绘图结构严谨、透视精准、用色鲜亮、线条轻盈，令人赏心悦目。这样的手绘图可以帮助客户看到整体的空间情境、材料和氛围的真实感觉，是一种有效的设计交流语言。（图2-61、图2-62）

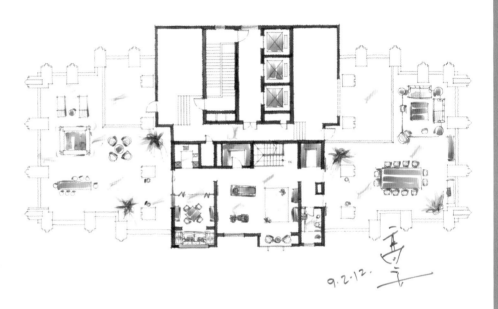

图2-61　青岛麦岛－天玺高端会所项目四十四层平面图/高文安/2012/水彩

图2-62　室内效果图一/高文安/2012/水彩

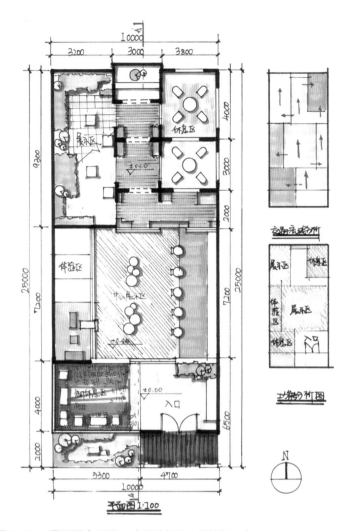

图 2-63　平面图布置图、功能分析图 / 韩坤炯 / 建筑 2012 级

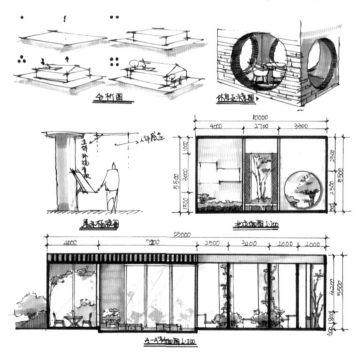

图 2-64　立面图、分析图 / 韩坤炯 / 建筑 2012 级

2. 学生作业表现案例

学生作业——园艺展示馆室内设计

设计说明：

关键词：园艺、绿色设计、可持续设计、科技与展示相结合、人体感应系统

该设计为一微型的园艺展示馆，在设计中融入了中国古典园林的设计元素，比如青瓦、青砖，古典的门窗等。在展示中给人一种移步异景的感觉，同时在展示的过程中加入了高科技媒体互动的元素，使观者能更好地体验园艺艺术，从视听、触嗅觉上来感受展品，给观者身临其境的感觉。（图2-63至图2-65）

该园艺展示设计，功能分区合理，展陈方式新颖独特，制图严谨，效果图透视准确，色彩搭配稳定中富于变化，木材、植物、玻璃等材质的表现效果到位，作为一个四小时快题设计，能做到此种程度实属不易，体现出作者较扎实的专业功底和较深的艺术修养。

图 2-65 展厅效果图 / 韩坤炯 / 建筑 2012 级

设计说明：

该空间为一服装店室内设计，由于其室内面积较小，为了突出其展示和售卖的功能，所以展架需要更多的灵活性。整个空间以实用性、灵活性为主，注重其实用功能，在风格上比较偏向现代简约风格，装饰跟随功能需要进行安排，旨在最大限度地突出展品并且使之相得益彰。（图2-66至图2-71）

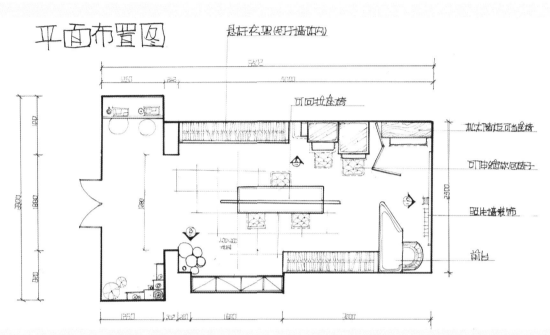

图 2-66　平面布置图 / 蒋咏恬 / 环设 2012 级

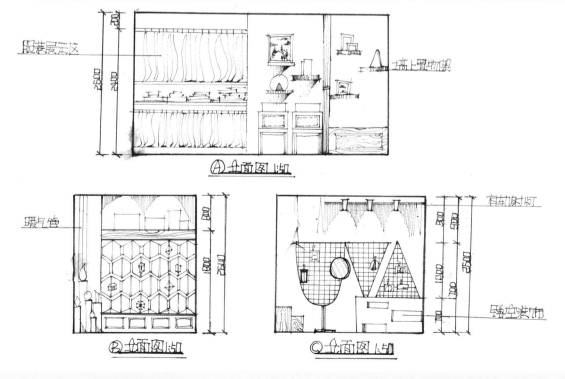

图 2-67　立面图 / 蒋咏恬 / 环设 2012 级

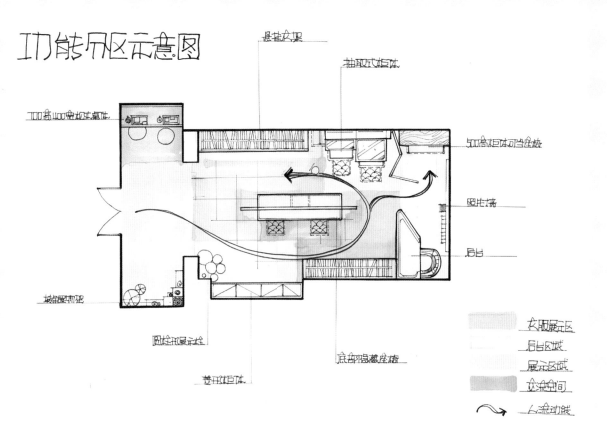

图 2-68 功能分区示意图

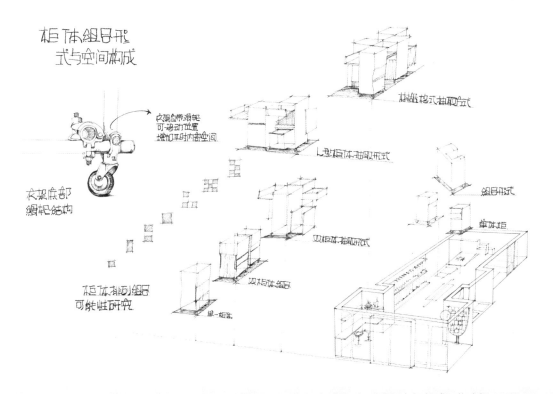

图 2-69 柜体组合形式与空间构成 / 蒋咏恬 / 环设 2012 级

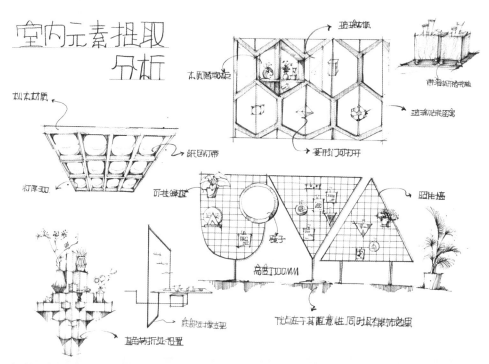

图 2-70 室内元素提取分析 / 蒋咏恬 / 环设 2012 级

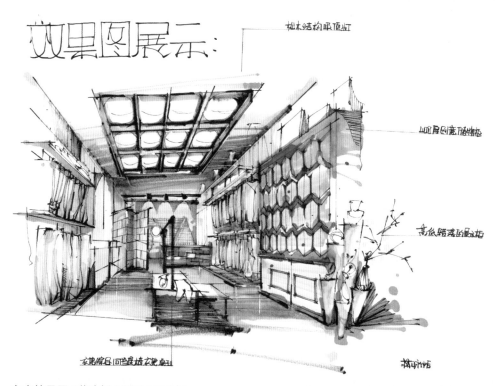

图 2-71 室内效果图 / 蒋咏恬 / 环设 2012 级

该商业室内展示设计的作品，设计新颖，线条表现流畅，色彩搭配协调，室内元素的提取分析和室内家具的组合示意表现到位。效果图的表现色彩搭配素雅高级，能较真实地模拟室内空间效果。

3. 相关知识点

1）光影的表现

有了光就产生明暗、产生阴影，在画面上有了明暗光影的变化，可以产生立体感和空间感，使对象的形体及所在的空间位置一目了然，更完整地再现视觉的真实性。光与影的处理在效果图中十分重要，它对于认识形体和空间关系有着重要的意义。从一定程度上说，处理光与影的关系就是解决效果图的阴影与轮廓、明暗层次与黑白关系，阴影的基本作用是表现物体的形体、凹凸和空间层次，另外画面中常利用阴影的明暗对比来集中人们的注意力，突出主体，烘托气氛，使作品具有一定的艺术表现力。

绘制阴影的注意要点：首先，注意光线的来源和角度方向，光线一般来源于左侧或右侧，不用正对光；其次，在一般的环境中不存在纯黑色阴影的；第三，影子不能过量，不能影响整体的画面规划；最后，要控制好影子的边缘，即应该有退晕，使物体产生近实远虚的透视效果。（图2-72）

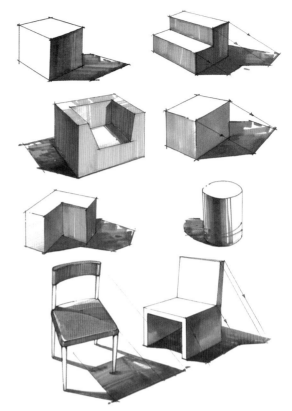

图 2-72　形体与光影的表现 / 乔会杰

2）上色训练

一套完整的马克笔按色系进行分类，大致可以分为灰色系列、蓝色系列、绿色系列、黄色系列、棕色系列、红色系列、紫色系列。将色系进行分类有利于在作画时更好地寻找颜色。马克笔的颜色种类虽多，也难以满足色彩丰富的画面，使用时可以将马克笔的颜色进行叠加和混合，以达到更丰富的色彩效果。

一幅优秀的马克笔效果图，往往由准确的透视、严谨的结构、和谐的色彩、豪放的笔法所构成，缺一不可。而马克笔的排列与组合，是学习时面临的首要问题。马克笔拥有各种粗细不同的笔头，加上用笔时力度的变化，可以绘制出不同效果的线条，笔法的熟练运用及对线条的合理利用和安排对马克笔图显得非常重要。用马克笔表现时，笔触大多以排线为主，所以有规律地组织线条的方向和疏密，有利于形成统一的画面风格。排笔、点笔、跳笔、晕化、留白等方法需要灵活使用。在运笔过程中，用笔的遍数不宜过多，而且要准确、快速，否则色彩会渗出而形成混浊之状，而没有了马克笔透明和干净的特点。（图2-73至图2-75）

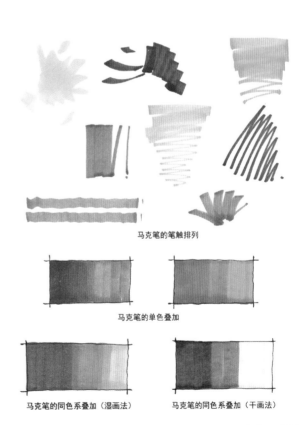

马克笔的笔触排列

马克笔的单色叠加

马克笔的同色系叠加（湿画法）　　马克笔的同色系叠加（干画法）

图 2-73　马克笔的笔触

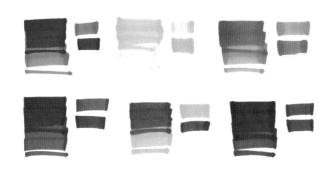

图 2-74 马克笔不同色系的渐变

图 2-75 马克笔与水溶性彩色铅笔的结合

马克笔常与水溶性彩色铅笔结合，可以将水溶性彩色铅笔的细致着色与马克笔的粗犷笔风相结合，增强画面的立体效果和细部的过渡。（图2-75）

3）常用室内材质的表现

（1）常用植物与陈设的单体表现

室内植物通常在整个室内空间中起到画龙点睛的作用，在室内装饰布置中，常常会遇到一些死角不好处理，利用植物来装点会达到意想不到的效果。表现植物的时候要注意，植物的颜色饱和度高，笔触要随着植物的生长变化和穿插而变化，每个叶片的形态都不一样，要表现出叶片和花朵的个性。（图2-76至图2-78）

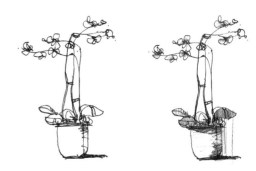

图 2-76 盆花 / 宋桢 / 彩铅

图 2-77 室内植物的表现 / 乔会杰 / 马克笔 + 彩铅

图 2-78 瓶花 / 水彩

靠垫是室内不可缺少的织物制品，它使用舒适并具有其他物品不可替代的装饰作用。靠垫用来调节人体与座位、床位的接触点以获得更舒适的角度来减轻疲劳。因靠垫使用方便、灵活，便于人们用于各种场合环境。靠垫的装饰作用较为突出，可以通过靠垫的色彩及质料与周围的环境形成对比。在室内总的色调比较简洁单一时，靠垫可采用纯度高一些的鲜艳色彩，通过靠垫形成的鲜艳色块来活跃气氛。如卧室内的色调较为鲜艳丰富，就可以考虑使用简洁的灰色系列的靠垫，来协调室内色调。

靠垫的特征是柔软的、蓬松的，用线要快速、利落，用有弧度的线表现出靠垫的弹性质感。（图2-79）

图 2-79 靠垫的表现 / 乔会杰 / 马克笔 + 彩铅

各种室内陈设的画法是需要经常练习的，它们的表现形式虽然都比较概括，但是却不能忽视生动性的体现，掌握好这些陈设的表现还需要多观察生活，积累素材和训练形象记忆。（图2-80）

图 2-80 其他陈设的表现 / 乔会杰 / 马克笔 + 彩铅

（2）玻璃的质感表现

玻璃是空间设计里常用的材质，在表现透明玻璃时，先把玻璃后的物体刻画出来，注意此时不要因顾及玻璃材质而弱处理玻璃后面的物体，然后将玻璃后的物体用灰色降低纯度，最后用马克笔和彩铅淡淡涂出玻璃自身的浅蓝色和因受反光影响而产生的环境色。（图2-81至图2-83）

图 2-81　玻璃的质感表现 / 乔会杰 / 马克笔 + 彩铅

图 2-82　玻璃的质感表现 / 吴成成

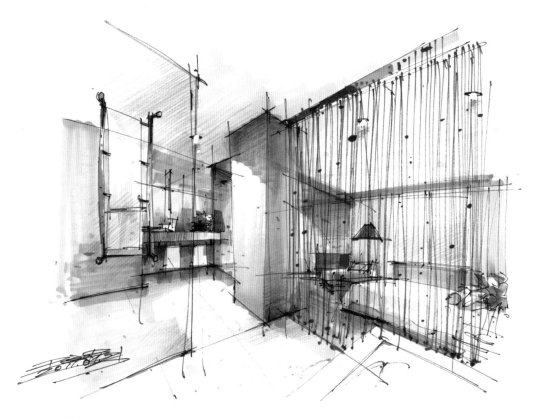

图 2-83　玻璃的质感表现 / 王义男 / 马克笔 + 彩铅

（3）地毯的质感表现

地毯具有丰富多变的款式、质地。花纹图案所呈现出来的缤纷色彩，不仅能够与各种装饰风格相搭配，而且可以像其他艺术品一样，给空间带来不凡的品位。绘制地毯的时候，首先用马克笔画出地毯的底色，笔触与笔触衔接的时候可以采用湿画法，上色速度要快，注意在画底色的时候注意明暗和冷暖的变化，颜色过渡要自然，然后用水溶性彩色铅笔刻画地毯细部，表现出地毯的厚度和毛茸茸的、松软的感觉。不要忽略的一点是周围家具的环境色对地毯的影响，可以用彩色铅笔描绘出细部的变化。（图2-84）

图2-84　地毯的质感表现 / 王义男 / 马克笔 + 彩铅

（4）软织物的质感表现

纺织品在空间中是不可缺少的组成部分，如窗帘、靠垫、挂毯、桌布、床上用品等。纺织品有着各自的特点和功能，如窗帘、地毯、床罩在室内环境中占有相当的面积，作为室内重点布局，对形成室内环境气氛起着很大的作用。这些物品共同的特征是具有柔软的材质感，不仅在触觉上带来舒适的感觉，还具有吸声性能、隔声性能及隔热效果，从古至今得到广泛应用，是室内不可或缺的因素之一，对室内的气氛、格调和意境的营造等起到很大的作用。

绘制软织物的时候，不适合用尺规类工具表现，应徒手把线稿画好，着色时，注意色彩之间的衔接与过渡，可以提高颜色的纯度，笔触应随着线描的走向灵活变换。（图2-85、图2-86）

图 2-85　软织物的质感表现 / 王义男 / 马克笔 + 彩铅

图 2-86　软织物的质感表现 / 乔会杰 / 水粉

（5）木材的表现

木材的质感主要通过固有色和表面的纹理特征来表现，要通过马克笔和彩色铅笔叠加几层后，才能达到最终的效果。任何天然木材的表面颜色及调子都是有变化的，因此用色不要过分一致，可试着有所变化。

木材的表现要求表现出木纹的肌理。绘制时可选用同一色系的马克笔重叠画出木纹，也可用钢笔、马克笔勾或用"枯笔"来拉木纹线，徒手快速运笔，纹理融合较佳。不同的材质，可用不同的木纹色来描绘，有时纹路可用黑笔或色笔加强。木质的表面不反光，高光较弱。（图2-87至图2-91）

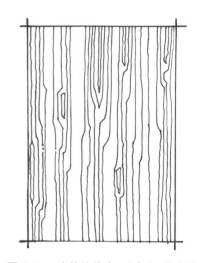

图 2-87　木纹的线稿 / 乔会杰 / 签字笔

图 2-88　木材的表现 / 乔会杰 / 马克笔 + 彩铅

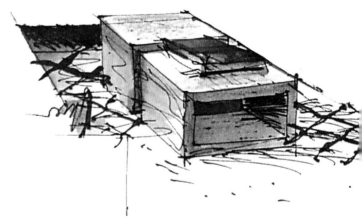

图 2-89　木质茶几的表现 / 王义男 / 马克笔 + 彩铅

图 2-90 服装店室内设计效果图 / 王义男 / 马克笔 + 彩铅

hotel 酒店

Unconventional Experience of Reality

现实低非假装体验

66 w hotels worldwide is one of the rapidly developed luxurious hotel brands in the
world. its unconventional experiences derived from America and permeated all over
North America. its travel services at any time, on-demand which is announced as whether
running shoes, or a private jar, as long as legal requirements. wsm be prepared for the
guests. legation week its inimitable, innovative design, and its unique complete feelings
make the brands moment entering the Hong Kong market, become a great event concerned
by the hotel business recently 99

图 2-91 酒店室内设计效果图 / 王义男 / 马克笔 + 彩铅

4. 实践操作程序

子任务1）餐饮空间马克笔和彩铅综合效果图表现步骤训练

步骤一　做草图

在设计构思成熟后以，确定表现思路，如表现的空间角度、透视关系、空间形体的前后顺序、家具的位置等。明确需要表现的重点对象，应用成角透视的方法勾画好透视轮廓草图，分清大的体块关系。（图2-92）

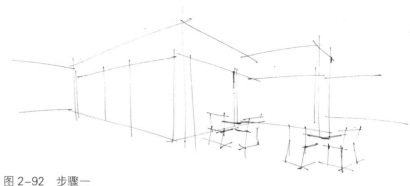

图 2-92　步骤一

步骤二　画透视轮廓

在步骤一的透视草图基础上，进一步完善透视线稿。在画面中添加空间和家具细节，绘制人物等。（图2-93）

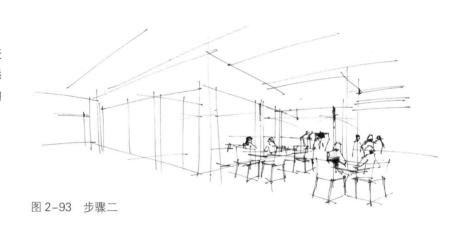

图 2-93　步骤二

步骤三　添加细节

利用线的组合刻画出空间和物体的黑白灰关系，使空间场景生动真实。注意阴影的绘制很重要。（图2-94）

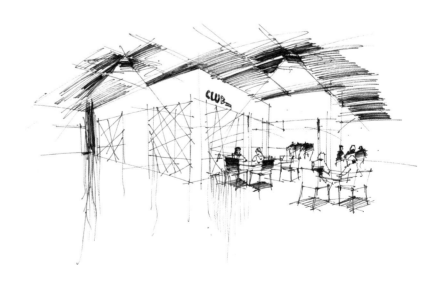

图 2-94　步骤三

步骤四 铺大色彩关系

在完成的线稿上画大的色块，按照先主体后配景、先浅后深、先粗后细的原则进行上色，注意把握画面的明暗关系、冷暖关系、虚实关系等，要大笔触快速运笔，有冷暖及光影变化的地方，要在色彩未干时采用湿画法过渡，同时强化投影增加立体感。（图2-95）

图 2-95 步骤四

步骤五 细部刻画调整

这个阶段主要对局部做些修改，统一色调，对物体的质感作深入刻画。到这一步需要彩铅的介入，作为对马克笔的补充，彩铅修改的部分不要过多，时间不要过长，因为彩铅画多了容易发腻，反而影响效果。（图2-96）

图 2-96 完成图 / 王义男 / 马克笔 + 彩铅

子任务2）应用Painter软件表现博物馆空间效果的步骤训练

Painter，意为"画家"，加拿大著名的图形图像类软件开发公司——Corel公司用Painter为其图形处理软件命名真可谓是实至名归。与Photoshop相似，Painter也是基于栅格图像处理的图形处理软件。Painter是数码素描与绘画工具的终极选择，是一款极其优秀的仿自然绘画软件，拥有全面和逼真的仿自然画笔。它能通过数码手段复制自然媒质（Natural Media）效果，是同级产品中的佼佼者，获得业界的一致推崇。在电脑上将传统的绘画方法和电脑设计完整地结合起来，形成了其独特的绘画和造型效果。

图2-97至图2-100分别为博物馆建筑设计效果图，采用painter软件绘制，先将手绘线描稿扫描到电脑里，再配合painter软件制作效果图。

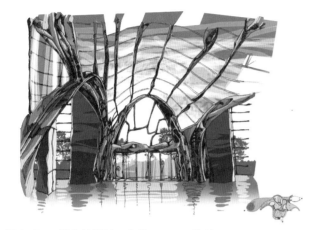

图 2-97 博物馆设计 / 薛楠 /Painter 软件

图 2-98 博物馆设计 / 薛楠 /Painter 软件

图 2-99 博物馆设计 / 薛楠 /Painter 软件

图 2-100 博物馆设计 / 薛楠 /Painter 软件

课程概述：本节以中西方传统建筑表现技法的相关知识为重点，在介绍表现技法和实训练习等内容的基础上，通过图示对传统建筑的表现技法要点进行讲解，如速写对效果图表现的作用、不同类型的速写形式、画面构图的原理、建筑配景人物的表现。运用原理指导学生掌握传统古典建筑效果图的表现技巧。

课题时间：12课时

课程要求：学习国内外大师的效果图表现作品，学习建筑效果图中各种元素的绘制方法，掌握传统建筑效果图的绘制程序。

知 识 点：建筑速写，画面的构图原理，建筑配景人物的表现。

重点难点：类型速写对效果图表现的基础训练作用，造型复杂的中西传统建筑如何合理构图。

作业要求： 1. 马克笔和彩色铅笔绘制中西传统建筑效果图作品各2幅，A3复印纸或有色卡纸。
2. 马克笔和彩色铅笔绘制人物配景、建筑细节或构件表现图2幅，A3复印纸。
3. 用综合工具（含软件）绘制中西古典建筑效果图各1幅，纸张不限，A4画幅。
4. 建筑速写写生10幅，A4画幅。

作业评价： 1. 表现图的透视准确性、结构合理性、构图和布局、材质的表现等方面的熟练度。
2. 速写构图的合理性和取景的概括取舍能力。
3. 对于各种快速绘图工具的掌握，以及手绘与计算机绘图软件结合的综合应用表现能力。

第三节 传统建筑的效果图表现

1. 大师作品表现案例

案例一 ——融于山水环境中的中国传统木构建筑表现

彭一刚院士是我国老一辈优秀的建筑师和建筑教育家，他的设计方案一直采用手绘制图，作品风格严谨细腻，擅长用精密的排线手法表现光影、材质与空间进深感。他的水彩渲染也是清新理性的代表，严格透视比例的线稿与深厚的色彩修养完美结合，色彩层次分明，寒暖色和谐对比，笔法朴实精练。（图2-101、图2-102）

图 2-101 北京颐和园 / 彭一刚 / 水彩传统技法渲染

图 2-102 苏州留园 / 彭一刚 / 水彩传统技法渲染

Gérard Michel，来自比利时的建筑师，作为拥有欧洲建筑文化背景的外国建筑师，他眼中的中国传统建筑带来的感受应该是很不同的，理解可能也会有很多不同。他在上海的旅行中绘制了如下几张中国传统建筑的图画，严谨准确的刻画表明了他对中国传统建筑形制特征的准确把握，对江南地区传统屋顶的翘檐和中国建筑木作经典代表斗拱都精准地作了描绘，很好地体现了他作为建筑师的敏锐观察力与功底深厚的手绘能力。（图2-103至图2-105）

图 2-103　上海豫园 /Gérard Michel/ 钢笔 / 比利时 /2001

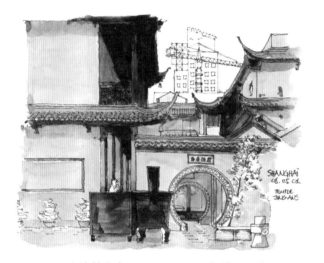

图 2-104　上海静安寺 /Gérard Michel/ 钢笔 / 比利时 /2001

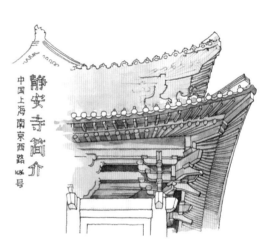

图 2-105　上海静安寺建筑细节 /Gérard Michel/ 钢笔 / 比利时 /2001

案例二——凸显研究与记录性的欧洲古典石构建筑表现

Gérard Michel还是建筑学院的草图及绘画教师。Gérard Michel的作品大多使用钢笔、铅笔及水彩，画风轻松，线条精练准确。Michel非常多产，创作了上千幅作品，包括建筑、风景、人物等，是学习钢笔画、建筑速写甚至西方古典建筑历史的非常有价值的参考资料。

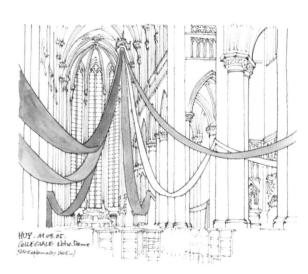

图 2-106　欧洲哥特式教堂 /Gérard Michel/ 钢笔 + 水彩 / 比利时 /2005

图2-106和图2-107是Gérard Michel对哥特式教堂内部空间的表现，面对繁复的表现对象，他在取景与构图上做了很好的取舍，明确要表现的空间重点，用准确的透视与疏密有致的精练线条将建筑的尖券构架表现出来。图2-106，借用给节日的临时陈设彩带部分上色，将画面的表现层次分明化。图2-107采用中景部分增强阴影感，同时给顶部尖券区上色的方法丰富画面突出重点。

图 2-107　欧洲哥特式教堂 /Gérard Michel/ 钢笔 + 水彩 / 比利时 /2005

图2-108，采用弱化线条，用水彩突出光影与材质的方法表现，相对于线条为主的手法显得更有厚重的质感和现场感。

图 2-108　SAINT SOLACE 教堂 /Gérard Michel/ 铅笔 + 水彩 / 比利时 /2009

图2-109，借用深色的卡纸作为画面中间色调的基底色，铅笔线稿表现结构与暗部光影，用白色高光笔提亮天空来凸显建筑的轮廓，整个画面因为纸张底色的原因，色调和谐浑厚，这也是一种很有感染力的绘图表现方法。

图 2-109　欧洲教堂 /Gérard Michel/ 深色卡纸 + 铅笔稿 + 白色高光笔 / 比利时 /2009

拥有建筑师与建筑学院教员的双重身份，Gérard Michel的作品还有很多表现了学术研究的特点。如图2-110及图2-111在完整表现建筑外观的同时，还将重点细节放大绘制出来，将建筑的对位关系用轴测图的方式作出分析解读。而在图2-112及图2-113里，对巴洛克风格的建筑立面比例关系和曲线特征作了明确清晰的表现，可以说，他绘制的古典建筑系列是一部西方古典建筑的教科书。

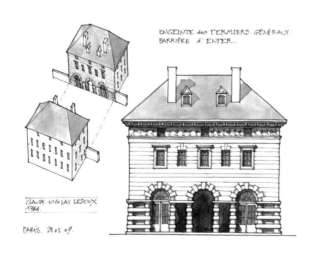

图 2-110　巴黎古典建筑立面与轴测 /Gérard Michel/ 钢笔 + 水彩 / 比利时 /2009

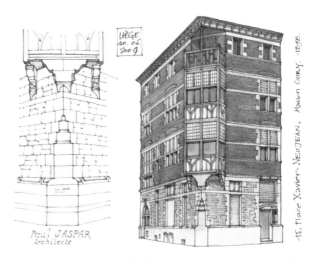

图 2-111　建筑外观与细节放大图 /Gérard Michel/ 钢笔 + 水彩 / 比利时 /2009

图 2-112　AVERBODE 巴洛克式教堂 /Gérard Michel/ 钢笔 + 水彩 / 比利时 /2009

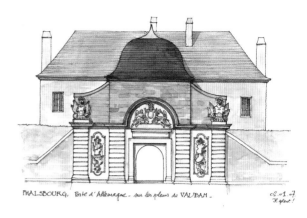

图 2-113　欧洲古典建筑立面 /Gérard Michel/ 钢笔 + 水彩 / 比利时 /2007

2. 学生作业表现案例

学生作业一 ——中国传统木构建筑图解与写生

中国的传统木构件建筑是独具特色的一种建筑形式，无论是木结构建筑中由柱、梁和斗栱等构件组合而成的富于美感的木构架，还是凹曲面的大屋顶上各式各样造型的瓦饰，以及丰富而优美的建筑装饰纹样，甚至建筑室内形态各异的雕像，而这些精美的元素也是其效果表现的难点。

图2-114为中国古代建筑史课程作业，学生从建筑细节构件和建筑整体结构与比例关系两方面入手绘制，以立面图方式表现建筑整体轮廓关系，分别用单线与光影两种方式描绘了两个装饰构件，较为清晰的对关键特征作了表现。

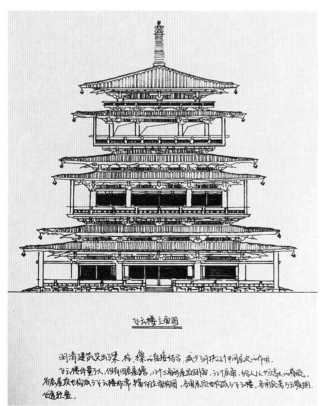

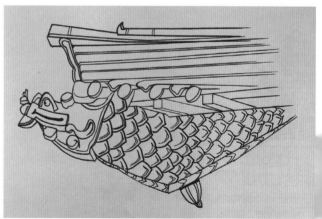

图 2-114　明清山西飞云楼立面及构件 / 卢鑫 / 钢笔 /2016

图2-115则采用立体透视效果表现，相对于立面图的扁平化表现，难度要高一些，但是直观真实的效果也更强。

图 2-115　中式传统建筑精细描绘 / 王淑云 / 钢笔 /2016

学生作业二 ——欧洲古典建筑图解与临绘

欧洲的古典建筑是石头的建筑艺术，因为特有的力学结构和不同时期相应的宗教文化审美，也会有繁复的造型与精细的雕刻装饰，特别会有些极具符号化特征的拱券、尖券、大尺度的穹顶等造型，尺度与比例关系也与中国的传统建筑造型气质很不同，这是效果表现时应注意的重点。

图2-116是效果图技法课中的经典作品临绘作业，在学习的初期，临绘好的作品，从模仿中体会作者的技法内涵，是一种学习的捷径。这幅图的临摹还原度是较高的，对建筑的场景感、光影、冷暖关系以及欧式建筑元素的尺度感都作了全面的表现。不足在于光影的暗部不够重，使得暗部的细节有些突兀，会影响空间的进深层次感。

图2-117从剖面图的视角表现万神庙的经典构造特征。这类分析型的表现图也是效果图技法里不可或缺的一部分，因为效果图的核心作用是设计的视觉语言，把设计说清楚是评判的标准之一。

图 2-116　欧洲古典建筑水彩传统渲染临绘 / 李春宁 /2002

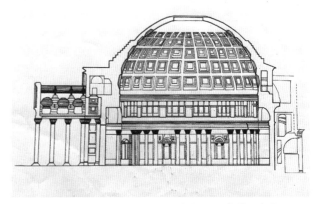

图 2-117　罗马万神庙剖面图临绘 / 卢鑫 /2016

图2-118和图2-119是照片写生作品。如何面对照片的构图进行自己画面的二次构图取舍是照片写生首先要解决的学习点，其次就是如何表现形、色、材质、光影的综合关系。图2-118以钢笔和水彩结合的方式，表现了教堂的主体轮廓造型，不足在于构图的缺陷使得教堂的整体造型表现不是很完整。图2-119用马克笔设色的方法全因素地作了表现，不足在于光影的表现不充分。

3. 相关知识点

1）画面的构图

构图是任何视觉传达形式都不可缺少的最初表现阶段，效果图当然也不例外。所谓的构图就是把众多的造型要素在画面上有机地结合起来，并按照设计所需要的主题，合理地安排在画面中适当的位置上，形成既对立又统一的画面，以达到视觉心理上的平衡。理解构图有很多种角度，我们就从取景和景深两个概念入手来学习构图的原理。

图 2-118　欧洲教堂 / 韩雨濛 / 钢笔 + 水彩 /2017

图 2-119　欧洲小镇建筑写生 / 宋丹丹 / 钢笔 + 马克笔 /2010

取景

构图的先决因素是取景，取景就是初级的构图概念，严格地说，它是一种画面构思意识，是摆在首位要考虑的。简单地看，取景无非就是选择一个合适的站立点以得到最佳的场景视觉效果，但这个看似简单的问题往往很难作出"最佳"的选择。其实取景没有绝对的"对"与"错"，但是取景构思需要把握以下几个原则：

（1）明确取景的主体概念。每一幅手绘作品都有要表现的主题内容，取景首先就是构思主体内容的尺度与范围，画面的长宽比要适应建筑物的体型和形象特征。空间特征高耸的多用立幅，扁平的多用横幅。确保主体内容的相对完整性，不要将注意力分散于局部。（图2-120、图2-121）

（2）确定了主体内容，下一步就要进行具体的视觉角度调整，此时开始思考透视表现形式。在取景构思中，对于采用哪种形式的透视应该有一个大致的考虑，可以分别用平行透视与成角透视来进行场景的视觉效果比较。针对一些特殊体量的景观、建筑等表现，还可以采用俯视和仰视等视角来构图，这是更加具体化、形象化的思考。要注意的是，对透视形式的选择是对视觉角度的适量调整，如果仅凭透视形式来构思取景效果是不可靠的。（图2-122、图2-123）

图 2-120　高耸狭长的某写字楼咖啡厅 / 宋桢 / 钢笔 + 水彩 / 2000

图 2-122　平行透视伦敦的 Leinster Square /Gérard Michel/ 钢笔 / 比利时 /1993

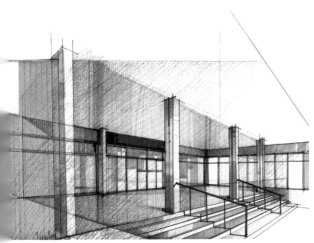

图 2-121　扁平开阔的艺术设计学院改造方案入口效果 / 宋桢 / 马克笔 + 彩铅 /2010

（3）密度也是取景构思的一个重要方面。这种密度是针对表现内容而言的，效果图表现很注重画面的充实感，但是，表现的主体内容四周要适当地留空，保证画面舒展开朗，如画面过于充塞，则构图显得压抑拥挤。如果要表现环境空间的开阔、深远和丰富时，主体物可以小一点，但需要有适当的配景陪衬。虽然密度的调整主要依靠对构图的主观处理，但实际上在取景时就应该考虑到表现内容的集中性和连贯性，要尽量回避内容过度分散、密集或杂乱无序的角度。（图2-124）

总的来说，取景是视觉范围的体现，是构图的前奏，但并不能代替构图。取景是一种相对比较客观、现实的场景构思形式，并不添加过多的主观调配，应该以尊重方案设计为前提。在头脑中想象实际的场景效果，并把自己置身于其中，这才是真正的取景构思的实质，主要依靠的是立体形象思维的能力。

景深

景深是构图表现中一个重要的思考内容。我们前面所谈的取景范围主要是针对视域而言的，也就是说画面的宽度范围，而景深所代表的是画面的纵深范围，是指从视觉出发

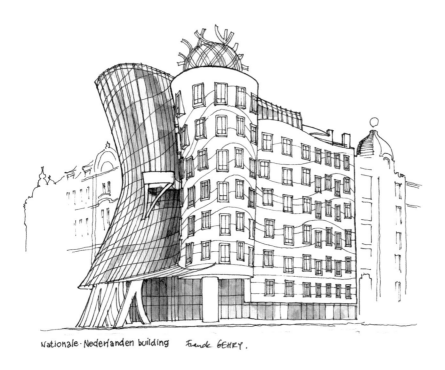

图 2-123　成角透视弗兰克设计的尼德兰大厦 /Gérard Michel/ 钢笔 + 水彩 / 比利时 /2009

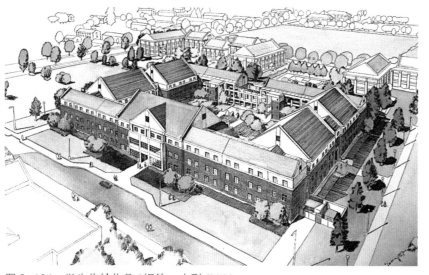

图 2-124　学生临绘作品 / 钢笔 + 水彩 /2003

点到画面所能表现的"尽头"之间的距离。景深往往是以视域范围的取景选择为前提，更多地取决于透视形式，因此不能作为取景和画面构成的首要构思依据。尽管如此，景深对画面效果的影响也是非常大的，因为它是对空间效果的直接体现。我们要从客观景深和景深层次这两个方面来认识和把握景深。

（1）客观景深属于景深形式的概念，是表现内容的客观现实，主要有三种：完全景深——这种景深形式体现的是自然消失的景深状态，一般多运用于辽阔场景的表现，并且往往是没有明显遮挡的空间场景。这种景深形式的主要优势是空间纵深感比较强。（图2-125）

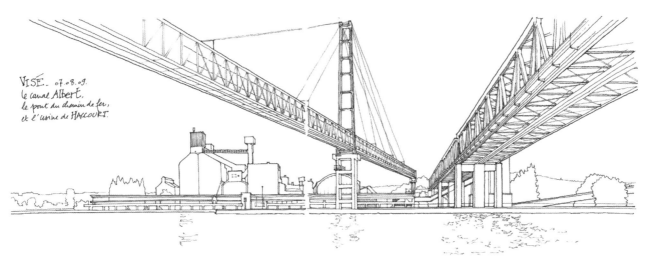

图 2-125　河边的宽阔景深 /Gérard Michel/ 钢笔 / 比利时 /2009

封闭景深——所谓封闭是指所表现的主体内容贯通了整个视域范围，使画面几乎没有景深自然消失的体现。这种景深形式多用于建筑表现。（图2-126）

主次景深——画面以主体内容表现为核心，同时也有自然消失的景深作为空间效果的陪衬，形成明显的主次关系。这种景深形式是应用最为广泛的，它的特征是画面感强，视觉结构完整，主题明确，对于建筑、环境表现都很适用。（图2-127）

图 2-126　法国某教堂 /Gérard Michel/
　　　　　　钢笔 + 水彩 / 比利时

图 2-127　"校园餐厅设计"竞赛效果图 / 宋桢 / 水彩渲染 /2001

（2）景深层次可以理解为景深的可变性，这是对客观景深内容的主观处理，需要调动的就是主观意识。景深层次可以分为三个层次：

近景——距视线出发点最近的一个表现区域，内容多为植物和人物等配景。近景主要作用是使建筑物后退一个空间深度，同时也起到"框"的作用。近景的物体一般不是完整的，而是一个局部，主要作用是为画面创造细致、生动的内容表现，加强局部的可视性，同时增强空间的进深效果。（图2-128的浅黄色区域）

中景——是画面的视觉中心，通常是表现的主体内容，作画时应重点绘制，明暗、细节、材质与色彩都应清晰。这个区域要与视线出发点保持一定的距离，对这个区域的内容表现是比较客观的，要直接体现设计的要求。对中景的表现重点在于把设计理念和效果明确而清晰地体现出来。（图2-128的中黄色区域）

远景——主要作用是进一步加强景深效果，同时对中景的空余进行填充封闭，使画面趋于完整。 远景在三个景深层次中所占的比例最小，是为了让画面伸展，增强进深感，不适宜体积、明暗与色彩的强烈对比。较前两者而言，远景表现是十分概括的，所以，它是一个比较低调的景深表现区域。（图2-128的棕红色区域）

图 2-128 景深层次里近景、中景和远景的三个分区

景深层次是很重要的概念，说它具有可变性是因为这三个景深层次的关系是需要灵活变换、控制的，要根据实际情况而定。它们的可变性主要体现在所占画面的比重关系：中景虽然是画面的核心。但它不一定占据绝对的比重；近景与远景虽然有较强的虚拟和修饰成分，但很可能会根据实际需要而得到突出，特别是近景，这与所表现的场景性质有关。景深层次之所以重要是因为它体现的是场景空间效果，特别是进深空间的效果。但是仅仅依靠调节这三个层次关系不可能满足各种场景画面的需要。有时为了强调进深尺度和空间效果，在取景时还要去选择一个有贯通性的、比较突出的内容，比如道路、水流、桥等，如图2-129及图2-130，它们就像隐含的线索，通过这条线索来引导视觉，增强画面的空间进深感。

图 2-129　苏州耦园曲桥 / 宋桢 / 针管笔 /2000　　图 2-130　苏州怡园回廊 / 宋桢 / 钢笔 /2001

在强调景深营造的空间进深感的同时，也要注意保证稳定感，画面的稳定感一方面取决于构图的均衡，另一方面也要控制住线与形飘出图外的流动感。由于汇聚到消失点的透视线具有流动感，所以容易让看图人产生流出画面的不稳定感。解决办法就是在消失端的位置用临近的建筑物局部、树木等配景物顶住画面。（图2-131）

图 2-131　周庄水巷 / 宋桢 / 钢笔 /1998

多进行风景构图速写是训练构图能力的好方法，画幅不必太大，工具不受限制，每幅一二十分钟就可以完成。速写应以线为主，也可以使用一些明暗。构图速写的目的，是为了提高选景构图的能力。（图2-132）

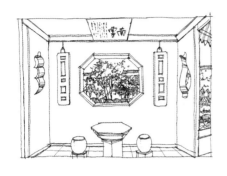

图 2-132　苏州怡园空间序列研究过程分析图 / 宋桢 / 钢笔 /2001

2）建筑速写

速写是绘画基础中快速描绘对象的训练方法，对人的观察能力、表现能力、创意能力和整合能力的要求很高，是短时间内眼、脑、手协调配合完成对象写生的绘画方式。而建筑速写是环境设计专业人员的重要基本功，也是重要的必会技能之一。它对培养形象思维，锻炼手眼同步反应，记录设计元素，表达创作构思和设计意图，以及提高艺术修养、审美能力等均有很好的作用。

因为速写的速度要求，绘画过程中可以很好地训练快速提炼取景重点的观察力，概括精练的画面表达能力，这些能力对于效果图绘制都是非常重要的素质。因此，坚持画速写是提升效果图表达能力的重要手段，甚至应该成为设计人员的终身专业习惯。

速写的表现形式、绘画主题是丰富多样的，可以说是无所不画，只要多动笔，在反复的观察绘制过程里，我们的线条就越发流畅准确，头脑中积累的素材就越丰富，对于空间与现场的实感体验就越强大。

图2-133至图2-135中，每张图都是控制在20分钟左右的速写作业，绘制前首先是观察到有吸引力和代表性的重点对象，随后就是将已经视觉提炼出的重点用最快速的线条画出来，因为要求速度，就会主动排除细节干扰专注核心，提高了效率。

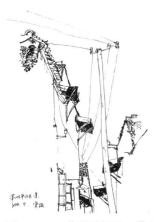

图 2-133　苏州平江区一景 /
宋桢 / 美工钢笔速
写 /1999

图 2-134　苏州山塘街 / 宋桢 / 美工钢笔速写 /1998

图 2-135　苏州崇安里巷 /
宋桢 / 美工钢笔
速写 /1998

图2-136写生条件相对宽松，且画幅稍大，完成时间约为90分钟，画面采用水平构图，重点在于如何主次分明地表现远景里形态丰富的楼群组合。采取了不同的线条排布与光影对比将画面拉开了层次。

图2-137为民国时期受西方建筑文化影响的欧式建筑，建筑立面变化丰富，细节颇多，且建筑体量较大，现场写生的视角不利于全景构图，因此选用重点局部的方法主要表现大门入口处，并根据构图的均衡，用阴影布线平衡画面。

图 2-136　大连港码头 / 宋桢 / 钢笔速写 /1999

图 2-137　苏州大学本部数学楼 / 宋
桢 / 美工钢笔 /1998

比利时建筑师Gérard Michel是一位高产的建筑画家，他在世界各地行走，大量的写生绘制了很多古典与现代的建筑物。即使是在机场候机的时候，甚至是飞行旅程中，他都会见缝插针地速写记录。（图2-138、图2-139）

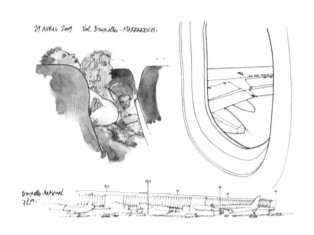

图 2-138　飞机旅途中的速写 /Gérard Michel/ 钢笔 + 水彩 / 比利时 /2009

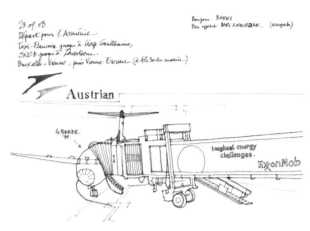

图 2-139　飞机旅途中的速写 /Gérard Michel/ 钢笔 + 水彩 / 比利时 /2009

3）建筑配景人物的表现

效果图画面中的人物可以使画面有活力、有生机，一般在画面中都需要有人物来陪衬，人物的另外一个更重要的作用是比例与尺度的参照作用，如街道、公园、建筑物场景等，如果没有人物很难对要表现的场景的环境尺度有准确对照，画面也会显得不真实和不完美。

从一幅画的构图均衡原理来看，人物的分量是比较重的，可以与大片树林或建筑物等其他景物形成均衡效果。人物还常常安排在画幅的重要位置，使景色增加活力与生动感。人物的数量和位置，要按生活特点和画面形式的需要来考虑。（图2-140、图2-141）

图 2-140　剪影式人物配景 / 水彩

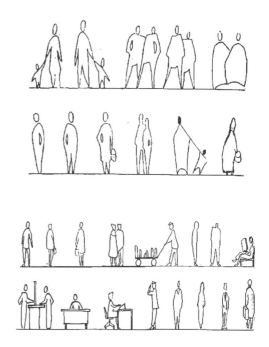

图 2-141　漫画剪影式人物配景

以景为主的画面，人物在环境中一般都不会太大，画人物要符合透视的原理，才能使远近不同位置的人立足于地面，如违反透视规律，人物很可能会出现脱离地面飘浮在空中的错觉。避免这类错误的出现，首先需要处理好视平线（地平线的高低）与人的关系。假定是等高的人，近处人的腰部如在地平线的位置，远处的人腰部也要画在地平线的位置上；如近处的人头部在地平线的位置，远处的人也应如此，其他依此类推。当然，人不会是高低相等，可根据这简易的规律加以处理，高低不同的人物或各种动势的人，都大致可以画正确了。（图2-142、图2-143）

图 2-142　近景人物 / 马克笔

图 2-143　透视关系里的人物配景 / 钢笔 + 马克笔 + 彩铅

4．实践操作程序

子任务1）天津市蓟县辽代木构建筑独乐寺马克笔彩铅效果步骤训练

步骤一 透视线稿

采用成角透视取景，铅笔简单勾勒透视框架后，用勾线笔完成细致透视线稿，建筑物主体深入表现，周围配景作简化概括，将独乐寺观音阁的建筑轮廓与结构特征表现出来。（图2-144）

图 2-144

步骤二 铺大色彩关系

将主体建筑的主要色彩朱红色铺一遍，并同时把明暗关系作初步上色，整体进行色彩与光影的表现。（图2-145）

图 2-145

步骤三 深入色彩与光影关系

在大色彩关系的基础上添加配景树木的色彩，来协调补色的冷暖关系，注意配景树的色块运笔要简化，避免笔触复杂削弱主体建筑。同时深化光影关系，加重暗部的色块和结构部件的光影效果。（图2-146）

图 2-146

步骤四　细部刻画

用暖灰色给周围配房暗部上色，作为配景，不要在色彩上过于丰富，只用暗部光影作形状上的塑造，并且色彩要有深浅层次，同时对主建筑的光影关系作细致刻画。此阶段要果断地将暗部重色画到位，不可在明暗关系上反复太多。（图2-147）

图 2-147

最后，做全画的整体调整，为了增强景深效果，在画面左上角加入近景树的点缀，使建筑主体成为中景的视觉中心，加入天空的彩铅笔触，添加远景层次，三个层次的景深实现了主体建筑的场景关系，完成整张效果表现图。（图2-148）

图 2-148

步骤一　透视线稿

采用平行透视微仰视角取景，铅
笔简单勾勒透视框架后，用勾线
笔完成细致透视线稿，建筑物主
体深入表现，周围配景作简化概
括。（图2-149）

图 2-149

第二章　设计与实训

步骤二　铺大色彩关系

将主体建筑的主要色彩用花岗岩
灰色铺一遍，并同时把明暗关系
做初步上色，整体进行色彩与
光影的表现。（图2-150、图
2-151）

图 2-150

图 2-151

步骤三 深入色彩与光影关系

在大色彩关系的基础上，添加配景树木的色彩，来协调补色的冷暖关系。注意配景树的色块运笔要简化，避免笔触复杂削弱主体建筑。同时深化光影关系，加重暗部的色块和结构部件的光影效果。（图2-152）

图 2-152

步骤四 细部刻画

用冷灰色给周围街景建筑暗部上色，作为配景，不要在色彩上过于丰富，只用暗部光影作形状上的塑造，并且色彩要有深浅层次，同时对主建筑的光影关系作细致刻画。此阶段要果断将暗部重色画到位，不可在明暗关系上反复太多。

最后，做全画的整体调整，为了增强景深效果，在画面左前方加入近景树的点缀，使建筑主体成为中景的视觉中心，加入天空的彩铅笔触，添加远景层次，三个层次的景深实现了主体建筑的场景关系，完成整张效果表现图。（图2-153）

图 2-153

课程概述：本节以现代建筑设计表现技法的相关知识为重点，在介绍设计案例、表现技法和实训练习等内容的基础上，通过对效果图表现技法的知识点如人物的表现、交通工具的表现、天空的表现、各种建筑材质的表现和计算机辅助设计等内容的讲解，使学生掌握现代建筑效果图的表现技巧。

课题时间：12课时

课程要求：学习国内外大师的效果图表现作品，学习建筑效果图中各种元素的绘制方法，掌握现代建筑效果图的绘制程序。

知 识 点：人物的表现、交通工具的表现、天空的表现、常用建筑材质的表现。

重点难点：效果图的上色技巧和常用建筑材质的表现。

作业要求：1. 用马克笔和彩色铅笔绘制现代建筑效果图作品4幅，复印纸或有色卡纸，A3图幅。
　　　　　2. 用马克笔和彩色铅笔绘制人物、交通工具、建筑材质等单体表现效果图2幅，A3复印纸。
　　　　　3. 用综合工具绘制现代建筑效果图作品2幅，纸张不限，A3图幅。
　　　　　4. 结合计算机绘制现代建筑效果图作品1幅，纸张不限，A3图幅。

作业评价：1. 考核建筑效果图中的透视准确性、结构合理性。
　　　　　2. 构图和布局、材质的表现等方面的熟练度，配景人物与交通工具表现的概括能力。
　　　　　3. 对各种工具和纸张的掌握，以及手绘与计算机结合的综合应用表现能力。

第四节 现代建筑的效果图表现

1. 大师设计作品表现案例

设计案例一——富有想象力与表现张力的纽约世界贸易中心交通枢纽设计方案草图

世贸中心交通枢纽车站造型犹如展翅飞翔的鸟，寓意是用来纪念911事件。该项目使用钢铁肋架和玻璃建造，其核心是一个椭圆形的无柱支撑结构。车站内采用白色的钢结构，轻灵有序的结构重复使车站有一种独特的审美气质。

车站的设计师圣地亚哥·卡拉特拉瓦（Santiago Calatrava）最初是从一幅儿童放飞和平鸽的图画中获得的车站设计灵感。他的设计想法很简单，就是想把车站设计成像一只飞翔的白鸽。卡拉特拉瓦解释说这个造型是在看到一只鸟从孩子的手中飞走后得到的启发。为了纪念911事件，对于这个地区和这场灾难，鸟的形象最适合也最独特。建筑像一只巨大的飞鸟在空中翩翩起舞，又像是在降落或是滑翔，将运动充分地融入了静态的结构之中。

在9月11日的时候，屋顶会全部打开，有13.7米，给这个建筑带来一片天空和光明，在这个角度上纪念2001年发生的悲剧。卡拉特拉瓦的设计作品，不仅仅是给纽约市也是给全世界的礼物。

纽约政府最初只是计划在911倒塌的世贸大楼遗址上"重建世贸中心地下交通枢纽站"现在呈现在大家面前的却是一座集购物中心（名为Oculus）、转乘站和人行步道网络于一体的综合体。（图2-154至图2-161）

卡拉特拉瓦的水彩方案草图用色单纯、鲜亮，只用了寥寥数笔就把建筑物的形象生动地刻画出来。任何伟大的建筑，都是从草图萌芽的，可能最终的建筑会与草图相去甚远，但却是最不可忽略的，就像大树与种子的关系。草图构思更像是一种随笔，一种记录，可以随时随地绘制，随时随地翻阅……

图2-154 世贸中心交通枢纽车站 / 圣地亚哥·卡拉特拉瓦

图2-155 方案草图1/ 圣地亚哥·卡拉特拉瓦 /2004

图2-156 世贸中心交通枢纽车站 / 圣地亚哥·卡拉特拉瓦

图 2-157　方案草图 2/ 圣地亚哥·卡拉特拉瓦 /2004

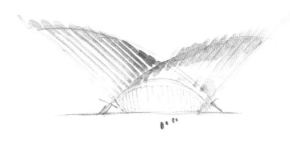

图 2-158　方案草图 3/ 圣地亚哥·卡拉特拉瓦 /2004

图 2-159　世贸中心交通枢纽站内部 / 圣地亚哥·卡拉特拉瓦

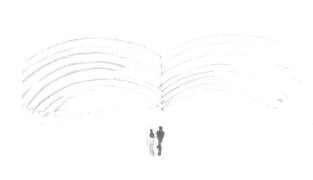

图 2-160　方案草图 4/ 圣地亚哥·卡拉特拉瓦 /2004

图 2-161　方案草图 5/ 圣地亚哥·卡拉特拉瓦 /2004

卡拉特拉瓦认为人体就是一个可折叠结构，人体的不同姿势提供了不同的外形，这些研究手记是卡拉特拉瓦在创作时取得灵感的源泉。在卡拉特拉瓦的设计工作中，分析和类推是他常常用到的创作手法。在他的每一个伟大作品中，研究草图都有着不可估量的作用。（图2-162、图2-163）

图 2-162　卡拉特拉瓦对人体折叠部位的研究

图 2-163　卡拉特拉瓦对人体的研究

设计案例二——推敲严谨的Higgins Hall（建筑系馆中间区域）方案设计草图

斯蒂文·霍尔（Steven Holl）是美国当代建筑师的代表人物之一，被《时代》杂志誉为美国最优秀的建筑师。斯蒂文·霍尔对"同时满足心灵和眼睛的建筑"具有独一无二的设计敏感。在20世纪80年代美国后现代主义建筑时期，东岸以他为首，西岸则以弗兰克·盖里为主。斯蒂文·霍尔建筑师事务所擅长有关艺术和高等教育类型的建筑设计，包括赫尔辛基当代美术馆、纽约普拉特学院设计学院楼、爱荷华大学艺术与艺术史学院楼、西雅图圣伊格内修斯小教堂等。

以下作品为Higgins Hall——建筑系馆中间区域，新大楼将建筑系馆（一个具有悠久历史的纽约建筑，发源于普瑞特建筑学院）的北部大楼和南部大楼连接起来。这个大楼的中间部分占地面积超过1591平方米，它层次多样、设施齐全，包括大厅、走廊、阳台、礼堂、数字化研究中心、两间教室和各类建筑工作室。建筑师采用厚重的玻璃包裹混凝土石作为大楼的基本结构。其目的是要与两侧有着石块外观的大楼形成一种强大的视觉对比。这种设计，对于已经存在的大楼间插入建筑物的难题，不失为一种突破性的解决办法。（图2-164至图2-169）

斯蒂文·霍尔的建筑图是严谨的，建筑的里里外外，包括环境、室内设计、家具布置一并考虑。从小到五厘米，大到五十米，都是经过仔细推敲的。从他的效果图中就能真实地体现出建筑未来建成的样子。用他自己的话来总结一下，那就是："我的草图不是宽泛的、垃圾的表达方式。它们必须是一些具有质量的细节，使我敏感于同一项目的不同可能性与策略，否则我将不能想象。"

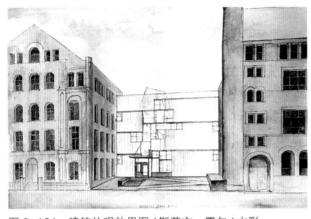

图 2-164　建筑外观效果图 / 斯蒂文·霍尔 / 水彩

图 2-165　建筑建成后的实景照片

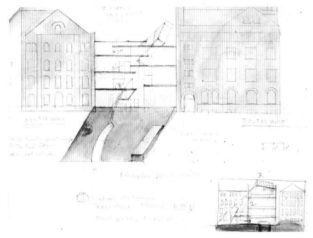

图 2-166　建筑立面草图 / 斯蒂文·霍尔 / 水彩

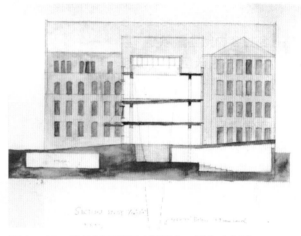

图 2-167　建筑剖面草图 / 斯蒂文·霍尔 / 水彩

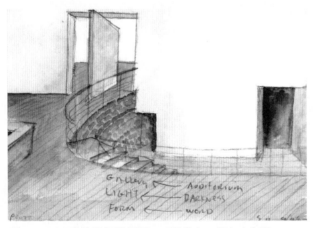

图 2-168　建筑局部效果图一 / 斯蒂文·霍尔 / 水彩

图 2-169　建筑局部效果图二 / 斯蒂文·霍尔 / 水彩

2. 学生作业表现案例

学生作业一 ——现代艺术画廊建筑设计

本方案为现代艺术画廊设计，将建筑空间分为展示、收藏、办公、报告厅、咖啡厅等功能区，在展示区部分融入了体验区，使观众可以与展品互动，生动有趣。建筑外观采用了不规则造型，具有现代艺术的氛围。（图2-170至图2-173）

该现代艺术画廊建筑设计表现线条流畅大气，用色和谐，笔法娴熟凝练，一气呵成。

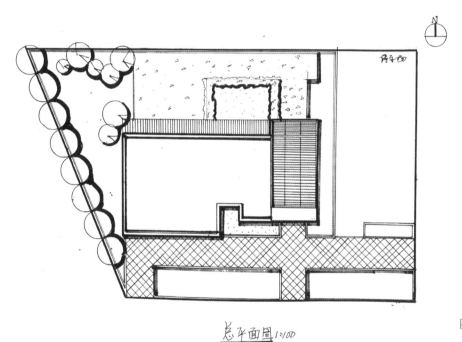

图 2-170　总平面图 / 韩坤炯 / 建筑2012 级

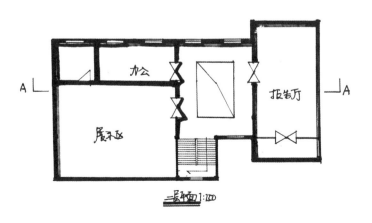

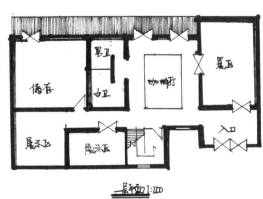

图 2-171　一层、二层平面图 / 韩坤炯 / 建筑 2012 级

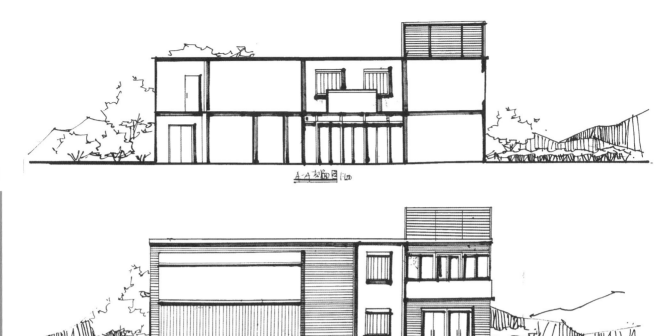

图 2-172　剖面、立面图 / 韩坤炯 / 建筑 2012 级

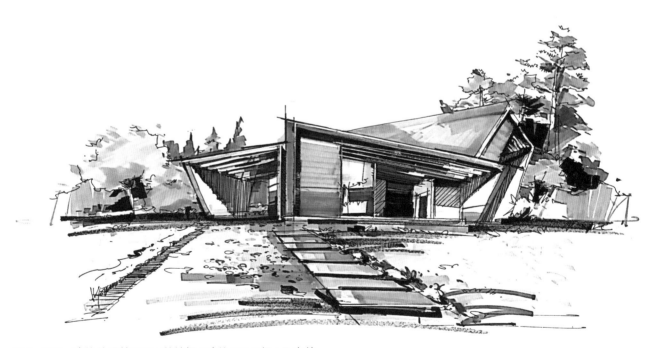

图 2-173　建筑外观效果图 / 韩坤炯 / 建筑 2012 级 / 马克笔

学生作业二——童梦奇园建筑设计

设计概念：此方案为一个海底龙宫的概念建筑设计，主题为"童梦奇园"。当今，地球上的可用资源越来越少，人类可以开发宇宙空间，开发地球上71%的水域作为人类的生活空间，因此，本设计课题作一个设想，一个海下龙宫的设计，以圆儿时的梦想。

喜欢有机建筑大师赖特的名言"把建筑还给人类，把人类还给自然"，更喜欢大师巧夺天工的巨作——流水别墅，它是有机建筑的代表性作品，顺从自然，而非征服自然。此建筑的整体在海底，建筑的整体为珊瑚礁的形式，就像建筑从海底生长出来一样，并且可以不断生长。建筑包括休闲餐饮区、浪漫庆典区、游玩区、卫生间等功能分区，设计中提取了各种海洋生物的造型元素，运用到空间中的各个角落。（图2-174至图2-180）

该建筑设计是刘池同学的毕业设计，该生充分发挥想象力，提取了珊瑚礁、章鱼、水母、贝壳等海洋生物的元素，营造了一个集趣味性、浪漫于一体、充满童趣的空间。在表现方面，用签字笔画线稿，水彩渲染，配合后期的电脑软件Photoshop处理，生动地展示了未来水下建筑的空间形象。

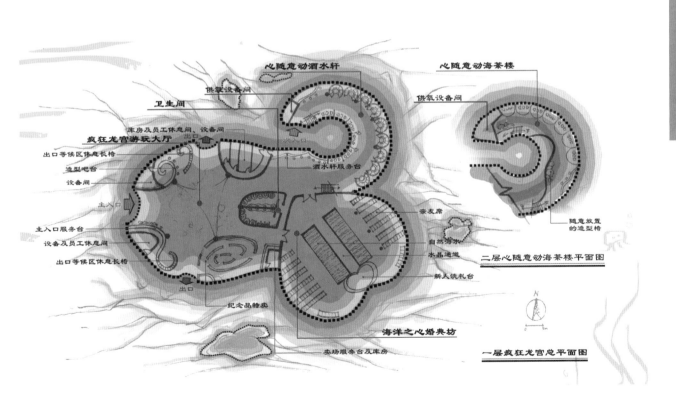

图 2-174　建筑平面图 / 刘池 / 环艺 2002 级 / 水彩 +Photoshop

图 2-175 建筑外观效果图 / 刘池 / 环艺 2002 级 / 水彩 +Photoshop

图 2-176 几十年以后的建筑外观效果图 / 刘池 / 环艺 2002 级 / 水彩 +Photoshop

图 2-177 入口大厅效果图 / 刘池 / 环艺 2002 级 / 水彩 +Photoshop

第四节 现代建筑的效果图表现

图 2-178 水晶通道效果图 / 刘池 / 环艺 2002 级 / 水彩 +Photoshop

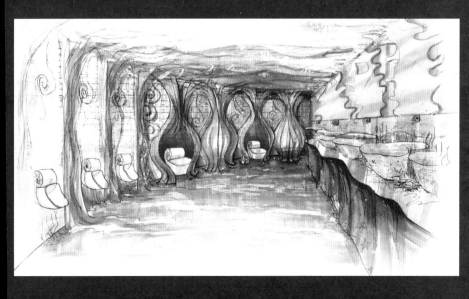

图 2-179 卫生间效果图 / 刘池 / 环艺 2002 级 / 水彩 + Photoshop

解决问题

（一）观光仓设计及进入建筑入口分析图

大水母生活在浅海，可以随洋流在水中任意飘悠。

特制水母型玻璃潜水仓，人们乘坐它潜下水中，底部设有潜水和救生装置。

疯狂龙宫建筑主入口设置水性胶皮材料，呈螺旋型排列。

当玻璃空心仓贴到洞口时，就会被洞口的水性胶皮紧紧吸附住，这时旋涡就会撑开一个新的洞口，通向建筑内部，人们就可以从玻璃仓中走到建筑中，而不会有海水溢入。

（二）环境及路线分析图

★ 设计说明：

由于考虑到逃生及施工的要求，所以建筑建在水下25M左右的地型平台上，为了让人感觉真的好像进入水下龙宫，所以进入水下采用人们乘坐观光缆车方式，这样就有一个俯冲的高度，给人感觉像是进入水下很深，达到设计的目的。

进入路线：⋯⋯⋯⋯⋯⋯

出来路线：⋯⋯⋯⋯⋯⋯

图 2–180　建筑入口分析图与环境建筑分析图 / 刘池 / 环艺 2002 级 / 水彩 +Photoshop

---

3. 知识点

1）人物的表现

人物在画面中是一种点缀，有着非常重要的作用，贴近建筑画人可以显示建筑物的尺度，能够增加建筑的气氛和生活气息，同时，人物也是表达建筑尺度与空间关系的必要形象，远近各点适当地配置人物可以加强空间感。

人物的画法应该与其他部分的画法一致，这样可以保证统一的画面风格。在表现中常用的方法有体面和线描两种。提示：人物在画面中成组地出现，比单独的个人更有气氛，相互重叠的形式可以增强空间感。如果是平行的透视图，那么人物的头部都相应在视平线上。

远景人物绘制重在写意，强调整体印象，在进行场景快速表现的时候，不必把人物配景画得像油画或素描一样精细，只需要画出大概的比例轮廓即可。常用于设计草图中的人物是"象征式"的：放松、随意，细部较少，通常采用程式化的人物。（图2-181至图2-183）

图 2–181　点状的人

图 2–182　头部游离的人

图 2–183　头部方形，手总插在衣袋里的人

人类的平均头高为身高的7.5倍，大多的效果图为了塑造更完美的人体比例，把身高画为8倍头高。如图2-184，画一条线表示人的身高，定出顶点和底点，然后分成几部分：二等分后再四等分。中点是生殖器官的位置，四等分点落在胸部和膝关节上。将最上面的四分之一高度进行平分，作为头高，这时头高即为身高的八分之一。

为了区分人物的性别，男女的基本形体要区别对待，男人胸部较宽、臀部较小，显得有棱角，女人相反，较为圆润，臀部较大胸部较窄（图2-185）。画小孩时，因年龄而异减少身高对头高的倍数。三岁儿童是5倍头高，面部圆，肩窄，几乎没有脖子，身体中心位于肚脐处（图2-186）。伴随年龄增长，人体的解剖学中心自肚脐移到生殖器官，头部相对比例变小。

人物是效果图生活气息的营造者，人物的形象与装束能够体现建筑空间的性质。（图2-187至图2-189）

建筑画上的人物较小，用色可以大胆一点，可以使画面生动活泼，近景中的人物可能较大，不一定画全，不宜画得须眉毕现，应简单概括一点，有时只画剪影效果就可以了。（图2-190）

立面图中的人物能够显示建筑物的尺度。（图2-191、图2-192）

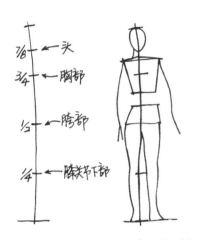

图 2-184 成人的比例

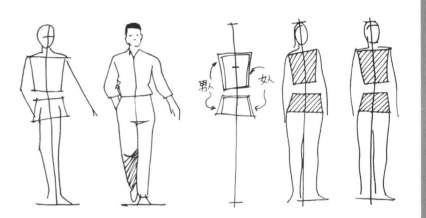

图 2-185 男女的比例

图 2-186 儿童的比例

图 2-187 不同姿势的人物

图 2-188　不同职业的人物 /Robert S. Oliver（美）/ 水彩 +
马克笔 + 彩铅

图 2-189　同一组人物分别用签字笔、彩铅、马克笔、水
彩等工具表现 / 陈曦

图 2-190　庭院效果图 / 王义男 / 马克笔 + 彩铅

图 2-191　建筑设计草图 / 乔会杰 / 签
字笔、彩铅

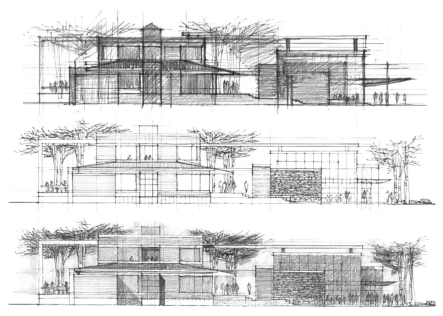

图 2-192　建筑设计立面图 / 金洛春
（韩国）/ 马克笔、彩铅

2）交通工具的表现

汽车是环艺效果图中的配景，和树木、人物一样。建筑物是画面的中心，表现汽车的基本比例和结构很重要，但过分描绘细部和色彩会分散画面的注意力，喧宾夺主，因此要保持简洁。汽车细部与形式的刻画与整体画面保持一致，参考以下要点可画出一辆真实的汽车：前轮靠近汽车前部，紧邻汽车前防护板的转弯处，后轮则远离后防护板；注意车身各面的弯曲和倾斜的方式，没有一个面是单纯的水平或垂直；汽车轮胎侧面嵌入车身一些，不与侧板平齐，同时侧板在轮胎上留有投影。（图2-193至图2-197）

图 2-193　汽车的比例和结构 / 马克笔

图 2-194　小轿车表现 / 乔会杰

图 2-195　不同角度汽车的快速表现 / 乔会杰

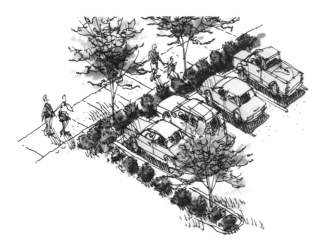

图 2-196　汽车的效果图表现应用 /Jim Leggitt（美）/ 马克笔

图 2-197　汽车的效果图表现应用 /Jim Leggitt（美）/ 马克笔

表现滨水建筑的时候常常会用到各式各样的船舶作配景，给画面平添生命力和真实感，船舶的颜色可以鲜亮一些，使画面生动明快。（图2-198、图2-199）

图 2-198　船舶的表现 / 乔会杰 / 马克笔 + 彩铅

图 2-199　船舶的效果图表现应用 /Jim Leggitt（美）/ 马克笔

3）天空的表现

天空在建筑效果图中要占三分之一或更大的比重，天空往往是效果图中容易被忽略的一个元素。

天空在画幅中，能产生舒展、深远、空旷的效果。随着环境、气候、时间和光线的不同，天上的云彩和天色也千变万化，可以说画中天色相同的情况极为少见。天色是画幅中最远的色彩，要有深远的空间效果。在晴天，蓝、青等色是画天色不可少的色彩，但是，接近地面或远山的天色，总带有偏暖的紫灰色倾向，所以天色在大多情况下是上冷下暖，上暗下明。天色与地面相接连的景物色彩有关，天色常常在互相对比中，产生补色关系。如在晴天，绿树丛后面的天色会增添绿的对比色——红的色素，使蓝天倾向于紫灰。天空也可以是紫色、桃红色或灰色，或者是任何其他的颜色。（图2-200至图2-202）

有的建筑表现图的天际线本身变化就很丰富，此时的天空可以省略不画，给人以无限遐想的空间。（图2-203）

图 2-200　用彩铅表现的蓝色渐变天空 / 王义男 / 马克笔 + 彩铅

图 2-201　色彩层次变化丰富的天空 / 王义男 / 马克笔 + 彩铅

图 2-202　灰色的天空 /Robert S. Oliver（美）/ 彩铅

图 2-203　没有天色的天空 /Robert S. Oliver（美）/ 水彩

4）常用建筑材质的表现

（1）石材的表现

在装饰设计中应用的石材种类很多，因此对其纹理的掌握和表现是体现不同石材种类的关键。石材具有明显的高光，且直接反射灯光与倒影，因此在表现时，先用针管笔或签字笔画一些不规则的纹理和倒影，以表现石材的真实纹理。石材质感表现步骤：一、线稿勾画完毕，薄涂一层底色，对底色的选择要比石材固有的色稍亮，其涂画不必均匀、平滑。

涂色规律一般是远处较亮些，近处的颜色基本接近材质本身所固有的颜色。二、根据所画石材的光滑度，用深浅变化的笔触沿垂直方向画倒影，倒影要处理得柔和，不要过于生硬。三、用彩色铅笔画出石材的天然纹理，然后再用彩色铅笔依据透视方向勾画出石材的分隔线，其分隔线条要有虚实断续和深浅变化，表现出接缝间的空间厚度。（图2-204、图2-205）

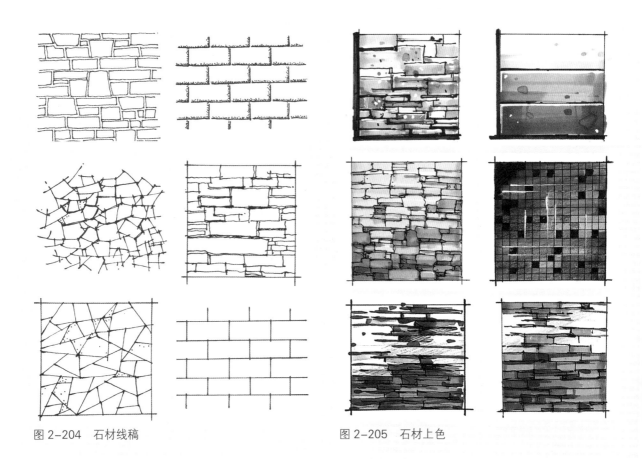

图 2-204　石材线稿

图 2-205　石材上色

（2）混凝土的表现

混凝土是土木工程中用途最广、用量最大的一种建筑材料。有着"混凝土诗人"之称的安藤忠雄将混凝土运用到了高度精练的层次。他能把原本厚重、表面粗糙的清水混凝土，转化成一种细腻精致的纹理，以一种绵密、近乎均质的质感来呈现。比起越来越夸张的现代建筑，安藤的设计虽然够不上惊艳，但他精确筑造的混凝土结构中呈现出来的建筑气质，总能让人念念不忘。（图2-206）

图 2-206　混凝土建筑局部／安藤忠雄

绘制混凝土建材的时候，高光的地方可以留白，中间调子先用浅灰色马克笔由浅入深地上色，暗部在建筑的转折处用稍深的灰色马克笔绘制建筑的转折处，再用马克笔刻画周围环境（如树、花坛、人物等）的影子，最后用彩色铅笔绘制丰富的环境色，使原本看起来生硬的混凝土看起来有生趣。（图2-207）

图 2-207　混凝土建筑表现 / 王义男 / 马克笔 + 彩铅

4. 实践操作程序

子任务1）应用PHOTOSHOP软件处理建筑后期效果的步骤训练

步骤一　将绘制好的建筑线描稿在Photoshop软件中打开，并打开天空素材照片。（图2-208）

图 2-208　步骤一

步骤二　将天空素材照片拉进建筑图中，用裁切工具将天空照片进行处理，使之大小与建筑相吻合。将背景图层进行复制，形成一个新的图层（背景副本），关闭背景图层，将背景副本中的天空部分用魔棒工具进行选择并删除，使天空照片成为画面的背景。（图2-209）

图 2-209　步骤二

步骤三　用魔棒工具将建筑选中，并选择适当的颜色用渐变工具为建筑上色，调整透明度，使建筑与天空形成统一的环境色。（图2-210）

图 2-210　步骤三

步骤四　导入树木素材，将树木放到画面顶部的位置，作为画面的前景。（图2-211）

图 2-211　步骤四

步骤五 用自由变换工具将树木调整成合适的大小，再用加深工具将树木的颜色加深，最后用模糊工具将树木调得模糊。（图2-212）

图 2-212　步骤五

步骤六 用渐变工具为地面填充颜色，并用滤镜（滤镜下拉菜单——杂色——添加杂色）增加地面的真实感。将树木图层进行复制，放到画面的地面位置，用自由变换工具将其调整为地面的树影，选中此图层，用渐变工具为树影填充颜色，最后用模糊工具使树影变得模糊。（图2-213）

图 2-213　步骤六

步骤七 最后一步，为植物和其他配景填充颜色，降低树影图层的透明度，处理其他细节，最后调整画面的色相和饱和度，完成效果图。（图2-214）

图 2-214　完成图

第二章 设计与实训

步骤一 画线描稿。将设计构思在图面上迅速勾勒出来，注意考虑整体画面的布局和形体透视。（图2-215）

图 2-215　步骤一

步骤二 画建筑固有色。从画面中心开始着手，铺设建筑主体的固有色调，并以此为中心向外展开。（图2-216）

图 2-216　步骤二

步骤三 处理光影关系。完成画面的固有色铺设，确定整体色彩关系，适当考虑光影关系和投影的变化，上色一般从面积较大的色彩开始，利于控制画面。（图2-217）

图 2-217　步骤三

步骤四 细部刻画。对画面进行整体塑造，加强黑白灰关系的对比，进一步刻画建筑和周围的配景，调整画面的色彩和虚实关系，用彩色铅笔进一步丰富画面色彩的层次变化，完成效果图的绘制。（图2-218）

图 2-218　完成图／乔会杰／马克笔＋彩铅

子任务3）运用电脑软件建模确立严谨透视与结构关系，后期辅助手绘细节个性描绘的步骤训练

手绘图很难与计算机渲染的准确性相比，计算机渲染也很难与手绘图的风格性相比。两者都有各自的优点，并且在设计表现过程中都有各自的位置。计算机是表现群体空间和建筑的快速工具。它们对研究建筑之间的关系和理解复杂的几何形体很有帮助，但是计算机渲染的画面往往缺乏特色和个性。如果能把二者进行很好的结合，手绘图可以接替电脑模型进行下一步的工作，可以增添宝贵的个性和尺度等因素。

这个用计算机软件快速建立的3D体块模型可以帮助了解几栋办公建筑和一个可能的中转站之间的关系。建筑形式和体量被建立了起来，计算机能帮助我们确立准确的透视关系和严谨的建筑结构，但是图像缺乏任何人的尺度或是自然因素。（图2-219）

电脑图像被打印到纸上作为这幅画的原型。画面左侧的方块被画成一个停车楼。建筑的立面加上了窗户和地板等细节。树木、铺装、扶手和人行道、人物、汽车和轻轨火车等，增加了街道的活力。（图2-220）

在这幅画中使用的马克笔颜色不到十种。其中两种绿色马克笔用于绘制遮荫树，另外两种绘制配景树，一种着色墙面和人行道，一种着色天空，一种着色阴影，另外几种用于突出重点。彩色铅笔加入纹理。所有的色彩都是直接着色与原作。在这幅作品里，计算机和手绘的结合应用使我们在最少的时间里完成了最准确的透视空间效果和丰富的环境表现。（图2-221）

图2-219 没有任何尺度和特色的电脑体块模型

图2-220 蒙图并描绘电脑模型

图2-221 色彩为画面增加了特色

课程概述：本节以景观园林效果图表现技法的相关知识为重点，在介绍设计案例、表现技法和实训练习等内容的基础上，通过学习景观园林效果图表现技法的知识点，如总平面图、剖立面图、俯瞰图的绘制，景观植物的表现，以及山石水体和天空的表现，使学生掌握景观园林效果图的表现技巧。

课题时间：12课时

课程要求：学习国内外大师的效果图表现作品，学习景观效果图中各种元素的绘制方法，掌握景观园林效果图的绘制程序。

知 识 点：总平面图、剖立面图、俯瞰图的绘制要点。景观植物的表现、山石水体和天空的表现。

重点难点：植物的表现，山石水体和天空的表现。

作业要求：1. 马克笔和彩色铅笔绘制景观园林效果图作品各2幅，A3复印纸或有色卡纸。
2. 马克笔和彩色铅笔绘制植物、山石水体和天空的表现图各2幅，A3复印纸。
3. 用综合工具（含软件）绘制景观园林效果图各2幅，纸张不限，A4画幅。

作业评价：1. 考核表现图的透视准确性、结构合理性、构图和布局、材质的表现等方面的熟练度。
2. 三大类植物的表现方法是否与植物形态良好结合，运笔与植物形态特性的结合以及植物形体与光影关系的表现成熟度。
3. 考核学生根据设计理念，如何结合不同的绘图媒介绘制山石水体和天空。
4. 考核对于各种快速绘图工具掌握的熟练程度，以及手绘与计算机绘图软件结合的综合应用表现能力。

第五节　园林景观的效果图表现

1. 大师设计作品表现案例

设计案例一 ——注重分析图解的上海世博会室外景观手绘概念设计表现图

日本设计师堀川朗彦针对上海世博会主题"城市，让生活更美好"，提出生态建筑空间概念设计"通过景观设计实现低碳排放量的街道建设"。项目理念为"生命、成长"。设计以自立和循环的有机体的植物细胞和上海市的市树白玉兰为基调构筑。屋顶以叶脉状的膜结构促进轻量化，支撑屋顶的立柱由树木形状的木质感的柱子构成。内与外、大与小的空间被平缓地分开，又缓缓地连在一起。这一极具个性且富有生机的地带作为连续的景观，给人们带来清新的视觉冲击。（图2-222、图2-223）

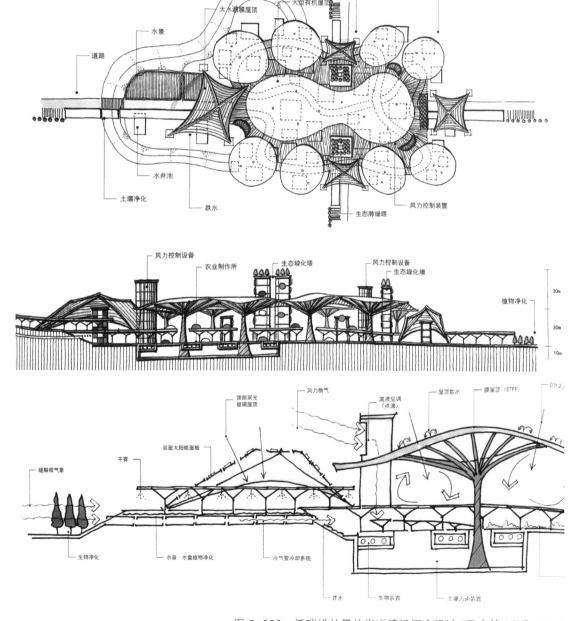

图 2-222　低碳排放量的街道建设概念设计 / 马克笔 / 上海 /2010

图 2-223 低碳排放量的街道建设概念设计 / 电脑生成透视线稿 + 水彩 / 上海 /2010

设计案例二——运用手绘与软件结合分层解析儿童医院室内花园景观设计信息的表现图

设计师Mikyoung Kim认为景观建筑的语言一定要与潜意识和多感官结合：设计不能单纯以视觉作为感官体验基础，人类的身体是复杂的有机系统，可以通过多种方式来获得景观的信息，视觉只是其中的一种方式。Kim相信设计师一定要重视作品里的复杂性，并且建议，只有通过手绘和其他类似的方法一并作为设计过程的操作手段，才能够达到这一目标。

在设计项目儿童医院花园"皇冠空中花园"的方案研究中，设计团队运用手绘与Photoshop等软件结合来研究这个具有治愈作用的花园的潜在用途和体验形式。（图2-224至图2-226）

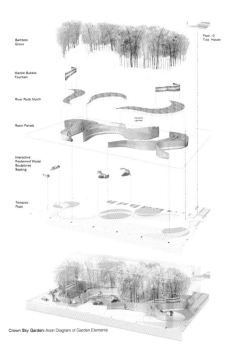

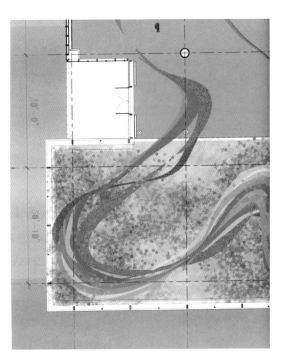

图 2-224 儿童医院花园"皇冠空中花园" / 手绘 +Photoshop/ 美国芝加哥 /2012

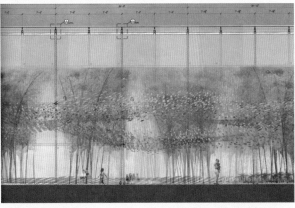

图 2-225　儿童医院花园"皇冠空中花园"/ 手绘 +Photoshop/ 美国芝加哥 /2012

图 2-226　儿童医院花园"皇冠空中花园"/ 建成实景照片 / 美国芝加哥 /2012

2. 学生作业表现案例

学生作业一 ——住居区公园景观设计

居住景观设计的整体性原则、舒适性原则、生态性原则以及人文原则决定了景观设计的成功与否。设计要点在于依据景观建筑学的基本原则将居住区建构成一个具有认同感、归属感的"家园"。（图2-227、图2-228）

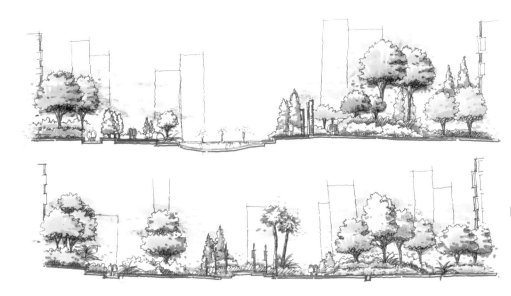

图 2-227　某住区景观剖立面图 / 姜欣茹 / 硫酸纸 + 马克笔 /2016

图 2-228　某住区景观滨水区效果图 / 姜欣茹 / 硫酸纸 + 马克笔 /2016

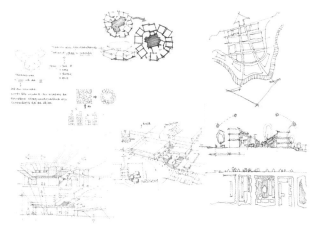

学生作业二 ——公共环境绿地景观设计

案例为"艺术文化活动中心设计"，设计功能为工作与休闲相结合，提供艺术活动与艺术组织所需的条件。空间主题是"匠人匠心，民艺传承"。以内聚力的围合空间形态营造出地方文化、艺术和工艺传统文化汇集的综合体。

空间功能包括创意设计店铺、文化情景体验和特色餐饮三大主要组成部分，并围绕建筑综合体的内院与外缘设置景观绿化和水体环境，营造与自然环境融合的理想环境。

方案表现手法为手绘与电脑结合。在方案的构思前期，大量的手绘草图推进方案的思考，在方案的中后期使用电脑软件SU将主体建筑的准确尺度交代清楚，辅助以手绘的景观环境平面图交代说明场景环境，很好地将理性严谨的电脑制图与富有人情味的手绘表现结合。（图2-229至图2-231）

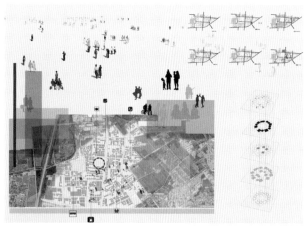

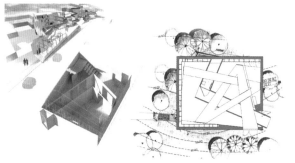

图 2-229　饰空间 – 文化艺术空间设计 / 韩雨濛 / 手绘 + Photoshop+SU/2017

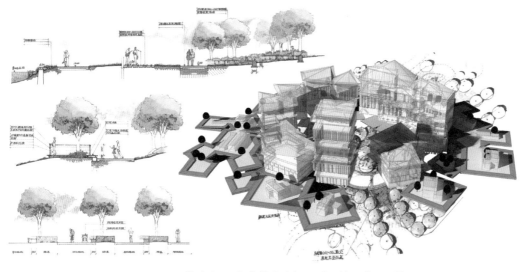

图 2-230　饰空间 – 文化艺术空间设计 / 韩雨濛 / 手绘 +Photoshop+SU/2017

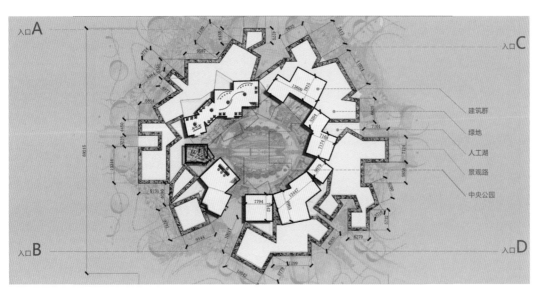

图 2-231　饰空间 – 文化艺术空间设计 / 韩雨濛 / 手绘 +Photoshop+SU/2017

3. 相关知识点

1）总平面图

总平面图是景观设计图中最重要的部分，内容包括整体的空间布局，场地的功能分区、结构的分析、景观节点、功能形式、道路交通等设计要素都可以在总平面图上反映出来。

在项目汇报时，甲方可以通过平面图发现问题，审视功能与形式的关系，从而提出修改的意见。因此设计师应该认真负责绘制，突出设计重点，绘制合理的线宽、比例尺寸、指北针、比例尺图例、功能形式、设计风格，加以强调，将效果清晰地展示出来，一个好的平面布置图可以一目了然地将方案的整体空间关系表现出来。（图2-232、图2-233）

图 2-232 建筑庭院总平面 / 周兵 / 马克笔

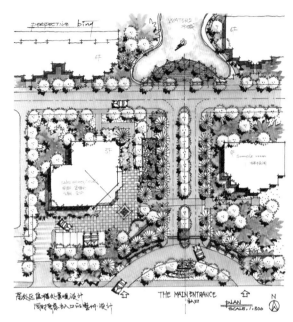

图 2-233 居住区售楼处景观总平面 / 周兵 / 马克笔

2）功能分析图

景观分析图包括场地区位分析、现状分析、地形地貌、气候环境、建筑、功能分区、人流流线、景观视线分析、景观利弊分析、景观投资分析等。

分析图的目的不外乎是让别人看懂自己的设计思考过程。一个设计项目中需要考虑的规划复杂多样，而在最终完成的效果图中却是将设计师的思考糅合后的一个外表效果，很多隐藏在表面下的巧妙心思是被覆盖住的。比如结合气候地貌所作的微妙而动态化的思考、无形的主次人流疏导、对周边商业与人文功能的分析，甚至还包含商业投资的分析等。这些都是设计的重要组成部分，无论是对行内设计师还是投资的甲方业主都迫切要知道设计人对这些内容的设计思考，针对这个庞大信息的表述，功能分析图就是最好的表达方式了。（图2-234至图2-236）

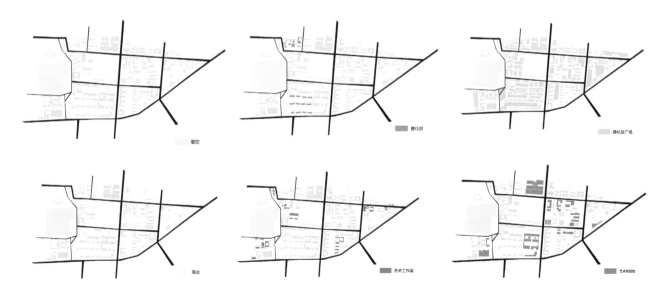

图 2-234 饰空间 – 文化艺术空间设计平面功能分析图 1/ 手绘 +Photoshop+SU/ 韩雨濛 /2017

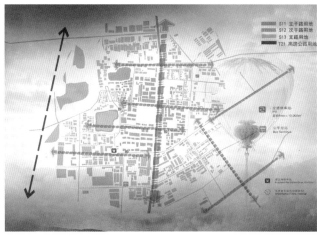

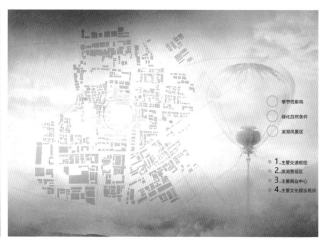

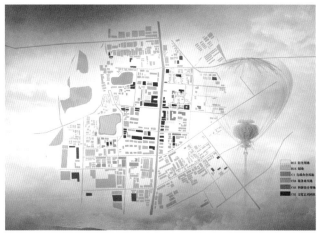

图 2-235　饰空间 – 文化艺术空间
设计平面功能分析图 2/
手 绘 +Photoshop+SU/
韩雨濛 /2017

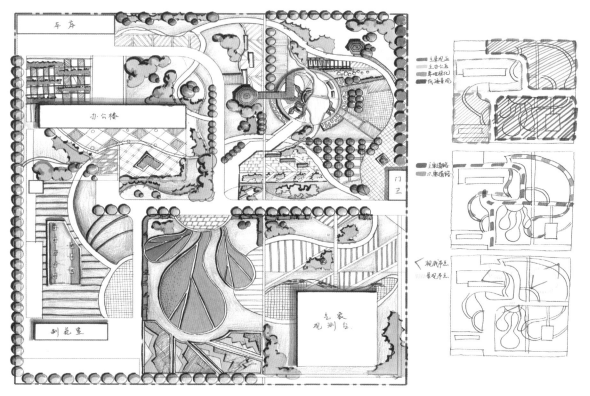

图 2-236　办公厂区景观设计总平面与功能分析

鸟瞰图：

从形式上讲，视点高于景物的透视图称为鸟瞰图，它能展现相当多的设计内容。从广义上讲，鸟瞰图不仅包括视点在有限远处的中心投影透视图，还包括平行投影产生的轴测图以及多视点顶视鸟瞰图。根据这一广义概念，平面图也具有鸟瞰图的性质，只是失去了景物高度上的内容，若在平面图上加绘阴影，就会具有一定的鸟瞰感，这也是使平面图更加生动的一种方法。（图2-237）

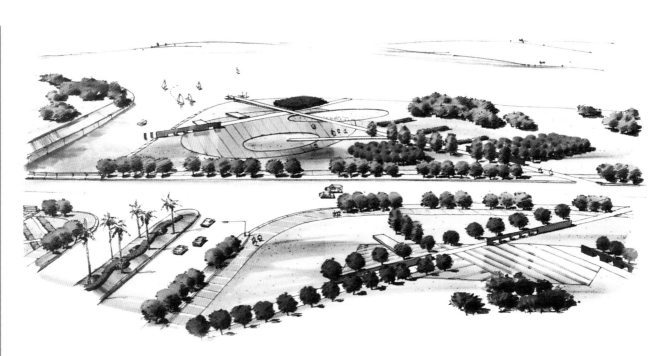

图2-237 居住区景观设计鸟瞰图/陈伟/马克笔

根据画面与景物的关系，透视鸟瞰图可为顶视、平视和俯视三大类。平视和顶视鸟瞰图在风景园林设计表现中比较常用。俯视鸟瞰图，特别是俯视三点透视鸟瞰图因其作法繁琐，在园林设计表现中很少用。

剖立面图：

景观的剖立面图主要反映标高的变化、地形特征、高差的地形处理及植物的种植特征，绘制时首先在平面图中用剖切符号标出需要表现的剖立面的具体位置和方向，然后再按比例对位绘制剖面图。剖立面图按照尺寸绘制，可以衡量出竖向和水平尺度之间的关系。

需要注意的是：

（1）地形在立面和剖面图中用地形剖断线和轮廓线来表示。

（2）水面用水位线表示。

（3）树木应当描绘出明确的树型，注意不同树种的绘制与配置、色彩变化与虚实的对比。（图2-238、图2-239）

平时要注重收集剖面类型，如驳岸的剖面、道路的横断面等。熟记一些常用的剖立面的景观元素，如各种形态的立面树的表达，各种水景的立面表达，当熟练表达景观元素的立面之后，景观的剖立面画起来就会容易得多。

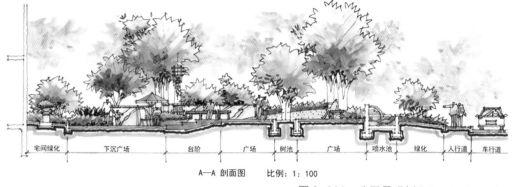

宅间绿化　下沉广场　台阶　广场　树池　广场　喷水池　绿化　人行道　车行道

A—A 剖面图　　比例：1：100

图 2-238　公园景观剖立面 / 周兵 / 马克笔

宅间绿化　　广场　　台阶

下沉广场

B—B 立面图　　比例：1：100

图 2-239　公园景观剖立面 / 周兵 / 马克笔

4）景观单体的表现

植物的表现：景观园林的植物大致可以分为三种：乔木、灌木、草本植物。这种分法主是从植物的大小来区分。但有些植物会介于它们之间，棕榈科植物属于乔木，但有的也属于灌木或藤本棕榈科植物。除了乔木、灌木、草本植物，棕榈科植物也是植物表现的重点。

乔木的表现：

（1）根据乔木的生长习性，完成基本的形体刻画。

（2）从亮面开始着色、由浅到深完成整体的色彩关系的铺设。

（3）加强植物的色彩对比，同时对植物的枝干、叶片进行深入刻画，调整完整的画面效果。（图2-240、图2-241）

图 2-240　乔木的其他表现形式 / 邓蒲兵 / 马克笔

图 2-241　乔木表现的步骤 / 邓蒲兵 / 马克笔

图 2-242　灌木及草本植物组合的表现步骤 / 邓蒲兵 / 马克笔

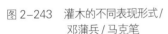

图 2-243　灌木的不同表现形式 /
邓蒲兵 / 马克笔

图 2-244　棕榈树及草本植物组合的表现步骤 / 邓蒲兵 / 马克笔

灌木的表现：

（1）根据灌木的特点勾画出大概的形体，线稿阶段不宜刻画得过于深入，保持大概的形体关系就好。

（2）设置光线的来源方向，铺设亮面与暗面的色彩，亮面的色彩与暗面的色彩要有明确的明暗对比。

（3）当笔的颜色比较容易散开时，刻画的时候外轮廓适当放松一点，不宜画得太紧。

（4）调整画面整体色彩，协调画面关系，在亮面适当增加一点枝叶的细节可以让画面更加生动。（图2-242、图2-243）

棕榈树的表现：

棕榈树是热带气候景观树的典型代表，上色的步骤与原理与乔木和灌木相似，重要的区分点在于树体轮廓形态的把握。

（1）树木主干高耸，并且要有点弯曲度，过于笔直会有生硬感。

（2）树叶的生长方向具有由唯一中心向外发散的特征，应将整个叶冠部分理解成圆柱体，将单根枝叶的前后关系表现出来。（图2-244）

山石水体的表现：

景观园林的设计中，山石、水景的表现有动静之分，有深有浅。我们在表现其材质，动静的时候，用笔要干脆，根据不同的石材，使用不同的色彩，最主要的是表现出石头的体块感。水是有深有浅的，用色也应该有所考虑，选择不同色阶的马克笔，也要注意用笔的方向，要顺着物体走，比如画流水时，要注意流水的流向、速度、大小等。

水的颜色不一定非得用蓝色来画，也可以考虑用灰色或者其他颜色的马克笔，可以根据整体画面的需要来调整。（图2-245）

石材在上混色的时候要注意，不要上得过多，太杂了会画脏，毕竟我们是在做设计表现，不是在写生，没有太大必要画得很写实。（图2-246至图2-248）

图2-245 山石与流动水体的组合表现 / 杨建 / 马克笔

图2-246 山石与静水的组合表现 / 沙沛 / 马克笔

图2-247 不同种类的山石表现 / 宋桢 / 钢笔 /2017

图2-248 园林太湖石的表现 / 宋桢 / 钢笔 /2017

天空与云彩的表现：

天空的上色表现有很多种，这里列举三种常用的景观表现方法：排线过渡法、色块平涂法、快速排线法。表现天空，最主要的是起背景衬托的作用，不宜过于花哨。

（1）排线过渡法：从一个方向到另外一个方向，从深到浅，整体受天光变化。（图2-249）

（2）色块平涂法：马克笔大色块的平涂，用笔不宜过花哨，同时要心中有云，画一些云朵的感觉，背景就自然些。这种画法，水彩也是个很好的选择。（图2-250）

图 2-249 天空排线过度法的表现 / 邓蒲兵 / 马克笔

图 2-250 天空色块平涂法的表现 / 邓蒲兵 / 马克笔

（3）快速排线法：这种画法除了用马克笔表现，彩铅也是一个很好的选择。线条要自由、奔放，可以活跃画面空间。（图2-251）

（4）彩铅画法：用天蓝色彩铅统一从一个角度和方向排列线条，从前往后画，前面重后面淡，并预留出云朵的形态。（图2-252）

图 2-251 天空快速排线法的表现 / 邓蒲兵 / 马克笔

图 2-252 天空彩铅排线的表现 / 邓蒲兵 / 马克笔

4. 实践操作程序

子任务1）小型公园总平面与剖面图表现步骤训练

步骤一 作草图

按照设计构思的尺寸比例，作出总平面的草图，并最后用勾线笔将准确线条描绘出来，应包含场地尺寸、植物配置、园路定位与尺寸、水体等内容。（图2-253）

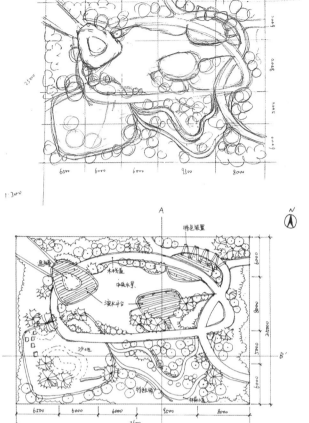

图 2-253 总平面图线稿分解步骤

步骤二 铺色彩整体关系

遵循由浅入深的上色程序，现将草地、水体、大面积地面铺装的浅色关系先完整地铺开，便于把握平面图的整体色彩协调性。（图2-254）

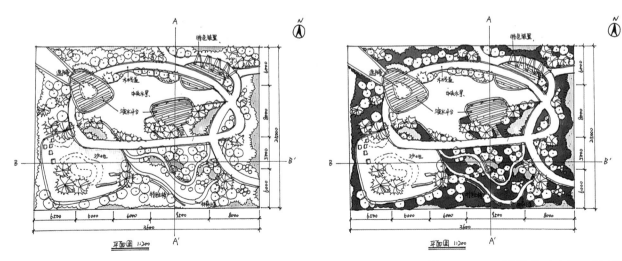

图 2-254 总平面图初步色彩关系步骤

在大色彩关系的基础上，丰富上色的层次感，从材质和光影关系上将画面的明度关系表现出来，特别是绿植的层次要分明。同时要将总平面图中的说明文字标注完成，包括如标高、地面材质、绿植品种、景观设施与分区等信息。（图2-255、图2-256）

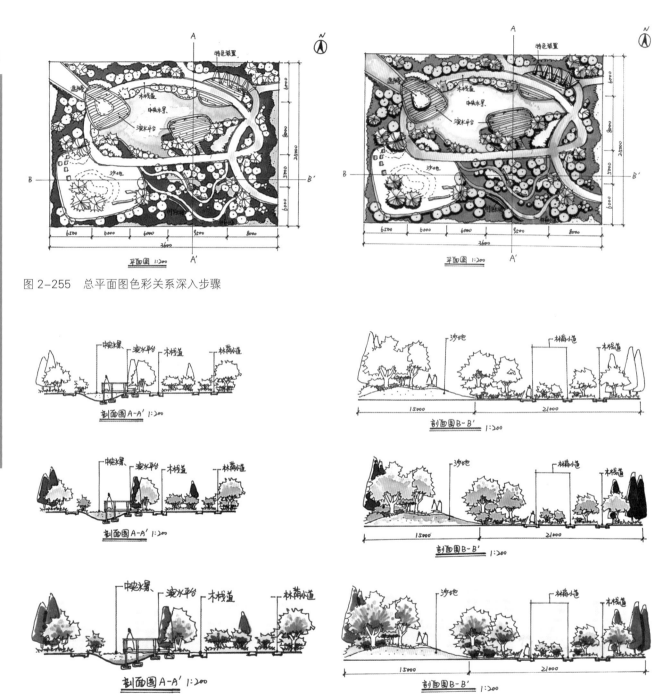

图 2-255　总平面图色彩关系深入步骤

图 2-256　剖面图线稿与上色步骤

第二章　设计与实训

步骤一　作透视草图

用铅笔起草稿，将需要表现的空间场景做好构图与透视关系。这一阶段构图视角的选择和透视关系的准确度是效果图成败的关键。（图2-257）

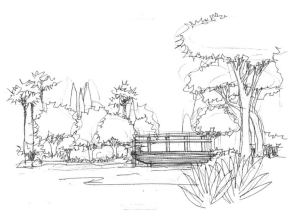

图 2-257　透视效果图草稿

步骤二　画透视轮廓

草图确定后，用勾线笔将准确的透视线稿完成，把无用的杂乱线条清理，留下清晰的透视线稿，为上色做准备。这一阶段，通过线条疏密将明暗关系和景深的远近关系作一下交代，深入成熟的线稿，可以为后面的上色步骤减轻很多工作量，也可以提升图纸表现的速度。（图2-258）

图 2-258　透视效果图准确线稿

步骤三 上色及细致刻画

配合设计理念的表达合理地搭配色彩关系，完成色彩的铺设。细节刻画在上色阶段除了色相的关系，更多地体现在光影关系的深入，这也是令画面有层次感的关键所在。（图2-259）

136

图 2-259 透视效果图上色与观影刻画

子任务3）运用数码照片确立景观透视角度的绘图捷径步骤训练

步骤一 数码照片

将总平面图的图纸倾斜产生透视，选择出效果表现需要的角度拍摄成照并传输到电脑上，在Photoshop中增强图面的对比度后，将照片打印输出，为下一步制图作准备。（图2-260）

步骤二 绘制草稿

用红色铅笔在已经有透视关系的平面图地面网格中绘制建筑物、街道、植物等元素立体结构的草稿。（图2-261）

步骤三 最终墨线图

用一张绘图硫酸纸蒙在红色铅笔草图上，完成最终的线稿图，将细节造型和明暗关系作准确的绘制。（图2-262）

步骤四 着色阶段

运用马克笔与彩铅结合的方法完成效果表现。（图2-263）

步骤五 最终鸟瞰透视图

从开始的平面图数码照片到最终的效果图完成，用这种快捷的方式既准确又节省了时间，可以更好地用于画面的绘制。（图2-264）

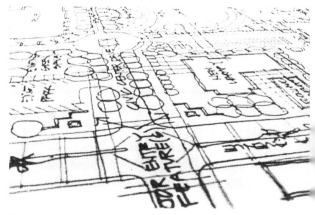
图 2-260

图 2-261

图 2-263

图 2-262

图 2-264

第三章

欣赏与分析

第一节　国外名师的效果图作品

第二节　国内名师的效果图作品

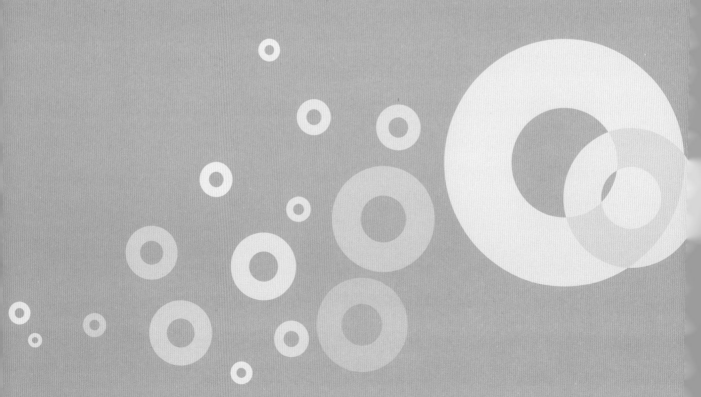

课程概述：本章节的内容汇集了国内外优秀设计师的效果图作品，他们的作品空间类型、表现风格和使用的工具等各具特色，从中不仅可以学习到作品的设计特色，也可以学习到优秀作品的效果图表现手法，从而开阔眼界，启迪设计思路。

课题时间：4课时

课程要求：通过学习国内外大师的效果图表现作品，使学生欣赏到不同的表现技法和设计风格，提高效果图表现能力，形成自我风格。

作业要求：1. 用综合表现手法绘制建筑效果图作品1幅，A4幅面，纸张不限。
　　　　　2. 结合计算机绘制景观效果图作品1幅，A4幅面，纸张不限。

作业评价：作业评价的重点在于对各种工具和纸张的熟练掌握程度，以及手绘与计算机结合的综合应用表现能力。

第一节　国外名师的效果图作品

国外许多建筑事务所里，设计师们除了正式出图用电脑软件设计方案外，更普遍的还是用手绘草图的方式去表达交流。设计师们认为方案设计的过程本身应该是一个科学而合理的体系，不管是软件制图还是手绘表现图，都应该为其设计内容服务，但设计手绘表现图显得更为重要，它贯彻设计过程的始终，可以让建筑师不断完善设计理念和感性思维表达。草图在解决设计中出现的问题时毫无争议是最有效、最快捷的。

1）简洁概括的水彩表现——西班牙RCR建筑事务所
RCR建筑事务所（RCR Arquitectes）的三位主

创建筑师拉斐尔·阿兰达（Rafael Aranda）、卡莫·皮格姆（CarmePigem）和拉蒙·比拉尔塔（Ramón Vilalta）荣获2017年普利兹克建筑奖，该奖项由凯悦基金会赞助，是国际上公认的建筑界最高荣誉。

RCR建筑事务所的代表作是苏拉吉博物馆，这座如钢铁铸成的博物馆位于法国南部城市罗德兹（Rodez），是献给法国画家兼雕塑家 Pierre Soulages的。可以看到博物馆是由一系列长条矩形组成的建筑群，选用玻璃与锈蚀金属作为外墙材料，形成震撼的视觉对比。（图3-1至图3-4）

图 3-1　苏拉吉博物馆 / 法国罗德兹 / RCR 建筑事务所与 G. Trégouët 合作 /2014

图 3-2　RCR 建筑事务所水彩概念图

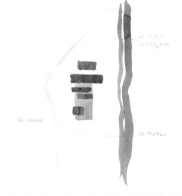

图 3-3　RCR 建筑事务所水彩概念图

图 3-4　苏拉吉博物馆局部 / 法国，罗德兹 / RCR 建筑事务所与 G. Trégouët 合作 /2014

RCR建筑事务所绘制的水彩概念图，笔墨不多，简洁概括，却能把建筑物的材质特征和结构轮廓等很好地展示出来，建成后的建筑形象与草图相差无几。用水彩作画可以营造出一种变化无常的、渐变过渡和富有动势的感觉。

2）精练至极的马克笔彩铅表现——意大利伦佐·皮阿诺建筑工作室

保罗·克利（Paul Klee）中心由意大利建筑师伦佐·皮亚诺设计。博物馆位于绿意浓浓的伯尔尼郊区，由三座相连的浪形建筑组成，看似由当地风景连成一体的小山。皮亚诺把它命名为"风景雕塑"。三座小山似的建筑通过一条被称作"博物馆大街"的150米长的通道相连。光线、虚浮及自然是表现主义大师保罗·克利作品中的三大元素，也正是这三个元素启发了伦佐·皮亚诺建造博物馆。（图3-5至图3-7）

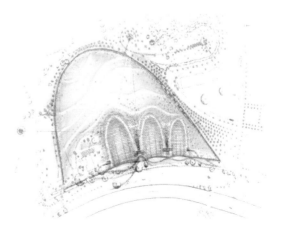

图3-5　保罗·克利中心地貌草图 / 伦佐·皮亚诺 /2001 年　　　图 3-6　保罗·克利中心总平面图 / 伦佐·皮亚诺 /2003 年

图 3-7　保罗·克利中心实景图

伦佐·皮亚诺这位来自意大利的建筑大师的草图表达可能是很多人爱上建筑设计的缘由，也是众多设计师效仿的对象。他的建筑手稿，主要由钢笔、马克笔、彩铅等绘制，其草图表达清晰，线条精练至极，偶尔的色彩点缀让画面顿生美感，活泼灵动，是一种自信而成熟的建筑设计思维的直接流露。皮亚诺曾经说过："……当有了发现，灵光乍现的一刻就到了，运作起来就像魔药。在那些时刻，过去的累积并不重要，因为你是没有安全网的特技演员。举例来说，我开始画草图时（少了这一步我就没办法做事），无法明确得知最后的样子。我让自己接受指引，发现自己写下的东西其实不那么糟，于是我继续下去，很像是'短文写作'你的手会带领你前往目标。"

伦佐·皮亚诺的创作思路和作品让人有种看三维立体画的感觉，第一面远观的整体印象并不足以充分理解他，但当你贴近了再离远了去看他，似乎才能真正看到作品背后的深意。和许多大师一样，他有超强的动手能力，但他也有独特的个性。（图3-8、图3-9）

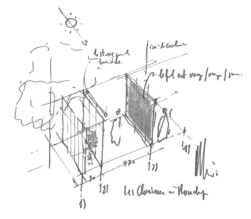

图 3-8　伦佐·皮亚诺的草图

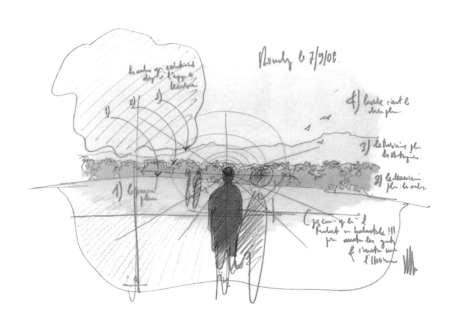

图 3-9　伦佐·皮亚诺的草图

3）具有艺术观赏性的表现——Lehrer建筑工作室

Michael B. Lehrer于1985年在他的出生地洛杉矶的Los Feliz地区创建了Lehrer建筑工作室。工作室的全体成员在洛杉矶城市的组织设计和项目管理当中有着丰富的经验。这个工作室承接了很多项目，包括城市项目、住宅项目、商业区项目和公共机构项目，这些项目都有着洛杉矶的根源。公司的设计理念是以反差设计构建高品质建筑以营造愉快和有益的氛围，构建既优雅又有着现代气息的建筑。

Bat Yahm教堂位于Newport Beach这个具有温带气候的沿海区域。建筑物完全沐浴在阳光之下。在这个新犹太会教堂中，宽敞、透明的小教堂其顶部的方形物象征着雅各的梯子。各种各样的组成元素被当成了一个整体并且其内部也是互相连接的，甚至广阔的草坪区域的停车场，都扮演着双重的角色——既是停车场，又是孩子们的游乐场。它的另一个显著特点是可持续发展性，包括光控、自然通风、采水系统。就连种植的植物都是本土的。这个教堂为犹太人提供了朝拜的地方。在这个地方，可持续发展和优美的风景将会成为人们精神和审美的准则。（图3-10至图3-17）

图 3-10　Bat Yahm 教堂建筑草图一 /Lehrer 建筑工作室 / 水彩

图 3-11　Bat Yahm 教堂建筑外观 / Lehrer 建筑工作室

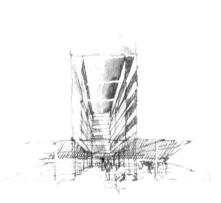

图 3-12　Bat Yahm 教堂建筑草图二 / Lehrer 建筑工作室 / 水彩

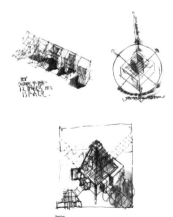

图 3-13　Bat Yahm 教堂建筑草图三 / Lehrer 建筑工作室 / 水彩

图 3-14 Bat Yahm 教堂景观效果图一 / Lehrer 建筑工作室 / 水彩、彩铅

图 3-15 Bat Yahm 教堂室内效果图 / Lehrer 建筑工作室 / 水彩、彩铅

图 3-16 Bat Yahm 教堂整体模型 / Lehrer 建筑工作室

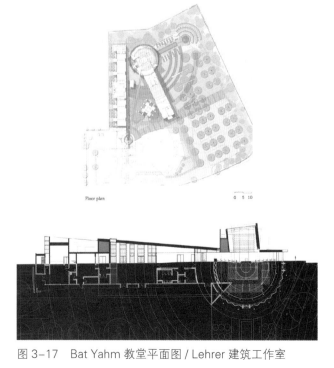

图 3-17 Bat Yahm 教堂平面图 / Lehrer 建筑工作室

Lehrer建筑工作室的建筑草图采用水彩绘制，简洁概括却不乏真实感；景观和室内效果图采用水彩与铅笔相结合的综合技法，透视准确，色彩浓重，空间氛围诠释到位，犹如一幅幅绘画作品，这样的效果图既可以展示设计师的设计构想，又有较高的艺术观赏性。

4）快速又令人赏心悦目的计算机辅助表现——GreenInc事务所

GreenInc事务所（南非，蓝德堡）是擅长计算机辅助表现的风景园林设计事务所，GreenInc事务所的计算机辅助设计证明，那些快速而又令人赏心悦目的手绘好像能抓住设计场地氛围和设计师脑海中的想法，但是手绘不是产生设计的唯一方法。Anton Conmerie写过："手绘就是设计，从最初的想法到向承包商解释如何建造场地的细节，速写就成为主要的交流语言，手绘本身方便又很经济，所以我们经常使用。随着我们事务所项目规模的扩大和复杂性的提高，我们更加意识到连续和漫游速写的重要性，它们是极好的沟通工具，让我们能够简化复杂的想法。"

图3-18与图3-19这一系列手绘是垃圾填埋场整治再利用竞赛作品的一部分。在SketchUp软件中做出基础的3D模型，作为后期规划和空间深化指导。在绘图纸上用毡头笔画出细节来营造场所感。这些图是用SketchUp做阴影衬底的扫描图。

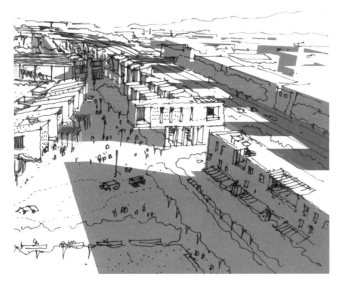

图3-18　垃圾填埋场设计 / GreenInc 事务所 / 埃塞俄比亚，亚的斯亚贝巴 /2014

图3-19　垃圾填埋场设计 / GreenInc 事务所 / 埃塞俄比亚，亚的斯亚贝巴 /2014

这些数字化扫描的草图是用绘图纸完成并用Photoshop上色的，为的是响应发展Vilanculos海边古镇文化旅游的号召。在A4文档格式上绘出的轻柔色彩和阴影使图画有轻盈的质感。（图3-20、图3-21）

图 3-20　旅游发展计划 /GreenInc 事务所 / 莫桑比克，
　　　　Vilanculos/2010

图 3-21　旅游发展计划 /GreenInc 事务所 / 莫桑比克，
　　　　Vilanculos/2010

第二节　国内名师的效果图作品

我国的许多优秀设计师，不但有着很强的设计能力，手绘的功底也非常扎实，以下的几位设计师个个都是在设计和设计表现方面很全面的设计师。

1）精准细腻的钢笔表现——彭一刚作品

彭一刚，中国科学院院士，建筑设计大师，天津大学建筑学院教授、名誉院长。他的著作和设计作品曾获得国家及省部级一、二、三等奖多项。2003年、2006年又分别获得梁思成建筑奖和中国建筑教育奖。

彭一刚先生的钢笔画，一直以业界"一流"著称，无人匹敌与超越。建筑师的表现图重在"表现"而非"再现"，这之间的差别往往体现出建筑师的艺术修养和素质的高低。通过建筑画所表达的意境，将作者的思想渗入画中，赋予建筑画艺术意蕴，并非单纯地、如实地"再现"建筑，而是赋予不同程度的"表现"成分，赋予了建筑画更丰富的蕴意。

"手绘是表现技法里很重要的一项，我自己就很爱画，我也希望大家练好手绘。"彭一刚教授说，不反对学生使用计算机辅助制图，计算机制图的出现对建筑的发展具有很深的意义。彭教授以我国2008年奥运会主场馆鸟巢为例，风趣地说："鸟巢的设计大家都知道吧，没一条直线，给你把丁字尺、三角板，怎么画？还有水立方，内部结构也很复杂，工程人员在现场用火柴搭了好久才找到规律。这些都得用到计算机。"

彭一刚教授的建筑画透视严谨，注重光影，线条流畅并与结构结合，擅长用丰富多变的钢笔线条与笔触表现景深与材料纹理。画风平和理性，和谐的构图是一大特色。（图3-22至图3-24）

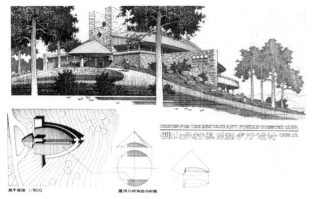

图 3-22　佛山乡村俱乐部餐厅设计 / 彭一刚 /1999

图 3-23　佛山乡村俱乐部枕溪山庄设计 / 彭一刚 /1999

图 3-24　佛山乡村俱乐部入口大门设计 / 彭一刚 /1999

2）严谨而又不失洒脱的钢笔淡彩——徐东耀作品

徐东耀，江苏宜兴人，研究员级高级工程师，现担任南京中山台城风景园林设计研究院院长兼首席设计师。20世纪60年代毕业于北京林学院，长期从事园林景观的规划设计工作，曾担任无锡市规划设计院副院长及深圳分院院长、美国EDSA-ORIENT总工程师，90年代曾兼职中国勘察设计协会园林协会理事和中国风景园林学会风景园林设计委员会委员。

他参与和主持了众多著名的风景园林项目的规划设计，诸如黑龙江镜泊湖风景区、五大连池火山博物馆风景区、内蒙古呼和浩特哈索海（塞西湖）风景区、江苏无锡太湖风景区规划等。主持了加拿大卡城·沁畅园和多伦多·嘉明园的方案设计，主持了海南岛三道湾热带乡巴拉风景旅游度假区规划方案设计、昆明莲花池公园方案设计以及深圳早期的中山公园和笔架山大型公园方案设计，曾参与深圳"小人国微缩城"方案设计并为其冠名"锦绣中华"。

徐先生熟谙园林景观规划设计之道，他认为：园林是一门科学，也是一门艺术；他强调"整体设计、因地制宜，可操作性和可持续性的设计原则"；他认为设计要把握好"功能、性格、尺度"三要素，真正做到"内容与形式、功能和审美、传承和创新"三者的有机统一；他提出"生态休闲、自然简约"的设计理念，并特别强调在当代的中国要做"实际、实在、实用"的设计作品。

苍翠的林木掩映着古朴的酒店，传统的码头依河而建，夜幕降临时分，桨声回荡、灯影婆娑，描绘出"夜泊秦淮近酒家"的诗情画意。（图3-25）

南京和平公园是市政府门前的一块公共绿地，该表现图把周边的环境一并介入，强调了公园的意境，体现

图 3-25　南京西水关公园"秦淮夜泊"景点 / 徐东耀 / 钢笔淡彩

图 3-26　南京和平公园局部效果图 / 徐东耀 / 钢笔淡彩

了现代城市公园的特质。徐东耀先生的钢笔淡彩，快速、概括、简明，将大的空间格局刻画得恰到好处。舒朗明快的表现手法，将城市空间与传统园林融为一体。（图3-26、图3-27）

徐东耀先生特别注重设计意境的表达，尤其擅长以绘画方式表达设计意图。业内专家评论他的徒手画"严谨而又不失洒脱，随意而讲求章法，表现出了极高的工程素质和艺术修养……意境深邃，融诗于画"。

徐先生指出，图纸是设计师的语言，绘画是图纸表现的手段。"情之所至，景由画生；趣之所及，境由心生"，这是徐先生毕生追求的理想与境界。

图 3-27　湖北神农架红花养生小镇效果图 / 徐东耀 / 钢笔淡彩

3）理性严谨、画风朴素大方的钢笔表现——钟训正作品

钟训正，教授、博士生导师，现任中国建筑学会理事、中国建筑师学会名誉理事、江苏省土木建筑学会副理事长。钟训正先生为东南大学教授、中国工程院院士，他的建筑画造诣在国内有口皆碑。

钟训正教授的建筑钢笔画绘图严谨、精细度高，在形体和光影的变化上，运用了多种笔触和技巧，结合形体的跌宕起伏，笔触抑扬顿挫，萦回转折，虚实有

致，画面自有一番情趣。无论是构图、形体、光影、材质，还是其他的细部呈现，都体现了精益求精的品质。作为中国老一辈建筑人的建筑画代表，钟教授的画是学生学习手绘表达时很重要基础范本，精细的深入绘图是以后快速表现的必经过程。

用笔轻松自如，不拘泥于细节。（图3-28）

在界定的块面内均用长乱线，用笔活泼自由，别有韵味。（图3-29）

图 3-28 建筑设计 / 钟训正 / 钢笔

图 3-29 建筑入口设计 / 钟训正 / 钢笔

线条轻重适宜，有层次和空间感，表现质感纹理的均用细线，表达层次的轮廓线均较重。（图3-30）

画面的主题突出，环境富真实感，层次分明但又含蓄简练。作为近景的古典高塔以表现体量为主，细节较概括简略。（图3-31）

图 3-30 日本某住宅内庭设计 / 钟训正 / 钢笔

图 3-31 建筑设计 / 钟训正 / 钢笔

李蓉晖，加拿大多伦多大学景观学硕士，行业内资深设计师，SWA及国内外多家知名设计师事务所首席及特聘景观手绘师，有多年的从业经验，在行业内影响力非凡。其作品多次获奖，在专业论坛深受关注，粉丝众多。作者主要与众多北美知名设计公司合作，同时也熟悉国内项目设计环境，其作品带有强烈的北美风格。

她的设计表现作品兼备设计的精准性和丰富的人情味，超越了简单的设计表现而成为一种传递设计思想的艺术。李蓉晖不仅是一位表现师，她同时具有设计师的特质，设计的完整表达、敏锐的视角和优雅的细部表现无不体现她具备一种成熟的设计素质。

她不拘泥于某种表现手段，而是因地制宜地选择有效的表达方式来适应不同的场合。很多表现技巧，诸如视角选择、色彩应用等都被综合地撷取用以有效地传递设计思想。静看李蓉晖的作品更有感于她对光影的细腻表达，光影几乎是所有设计所感、所成、所在的灵魂。

李女士用敏锐的观察力和细腻的技法所表达的空间蕴含着浪漫和丰富的细节，它们能激发人们对设计空间的遐想。

她的所有作品都具有很强烈的景观意识，李女士的表现图常常会有大胆的构图和丰富细腻的色彩，那些不同色绿色、柔和温暖的橙色和紫色表达了植物的丰富层次。她的绘画笔触具有非常丰富的表现力，可以用很流畅的线条轻松准确地表现起伏的原野或者我们生活的城市空间。

她的设计作品专注于设计表达，毫无炫技的矫饰，她的作品，不论是表现私密的空间小品还是宏大的规划场景，都让人感觉清新而不失大胆果断，具有很重的人情味。（图3-32、图3-33）

图3-32 美国休斯顿布法河支流步行系统景观规划 / 李蓉晖 / 水彩 /2008

图3-33 北京香颂景观设计 / 李蓉晖 / 彩铅 /2004

图3-34是李女士采用混合手法表现的景观效果图,即CAD模型线稿加上草图纸手绘植物线稿通过Photoshop软件上色合成的。在这幅表现图里,李女士结合了各种表现手段的优点,CAD建模的准确性、手绘植物的真实与生动性、Photoshop软件上色的过渡细腻感,可谓把三者结合得恰到好处,既达到了表现效果,又提高了工作效率,让我们不得不佩服她效果图表现的灵活性。

图3-35是李女士的又一混合手法表现的景观效果图,草图纸铅笔稿扫描入计算机,再用Photoshop软件进行后期上色处理。

图 3-34 埃及开罗四季酒店景观入口鸟瞰图 / 李蓉晖 / 混合手法表现 /2009

图 3-35 中国成都万科高尔夫球社区景观规划 / 李蓉晖 / 混合手法表现 /2010

后记
POSTSCRIPT

《环艺效果图表现技法》一书，克服了许多困难，终于脱稿。编著此书以教学应用为目的，可作高等艺术院校艺术类以及有关专业的教材和参考书。书中的环艺效果图表现技法共分室内、建筑、景观三个部分，是为了适应不同专业或适应长期教学的参考。

如果《环艺效果图表现技法》一书对您的学习有所助益，那首先应该感谢总主编林家阳教授的指导和帮助；感谢蒋咏恬、吴艳玲、刘彦君、刘翔、王俪蒙、黄依炎、赵晋依、韩雨濛、周萁锋、王瑞雪、姜欣茹、韩坤炯等同学提供作品素材；虽然本书的撰写源于作者的教学实践，但作为系统的知识结构，它包含了作者所在单位许多同事的集体经验和智慧，尤其是书中引用的学生作业，均选自各位老师多年教学的积累，在此我们向大连工业大学艺术设计学院环境设计教研室的全体同事们致以衷心的感谢！封面我们使用了夏克梁老师的作品，在此一并感谢。

本书在编写的过程中，参阅了大量书籍的相关资料，其中部分图片无法与原作者取得联系，谨此致歉！并请相关作者见书后与本人取得联系。

本书能使读者受益是作者的心愿。因水平有限、时间紧迫，不妥之处在所难免，期盼各方同仁和广大读者不吝赐教。

乔会杰、宋桢
于大连工业大学艺术设计学院